Stress e Ben-Essere 2.0

Francesco Attanasio e Ferdinando Pellegrino

Copyright © 2017 Ferdinando Pellegrino e Francesco Attanasio

All rights reserved.

ISBN: 978-1-387-01509-2

Indice

Prefazione 3

Che cos'è lo stress? 6

Eventi Stressanti 8

Eu/Di-Stress 11

    La somatizzazione 13

    Il comportamento 14

    Lo Stress da lavoro, lo stress del quotidiano 16

    Approccio clinico allo stile di vita disfunzionale 17

Il rischio psicosociale e le patologie da stress lavoro-correlate 18

La Sindrome del Burn-out 25

Stress e ben-essere. Riconoscere e gestire le proprie risorse 29

Stress e benessere: Il fitness cognitivo-emotivo 32

Quando lo stress fa bene 46

Stress Amico 53

Ben-essere in azienda 55

Time Management con quattro D 57

Stress da multitasking 60

La gestione della complessità 63

Effetti benefici della corsa 65

Risposte a domande frequenti 68

Bibliografia 83

Gli Autori 85

Prefazione

Al professionista di oggi la società chiede qualcosa in più rispetto al passato: l'introduzione in ogni settore lavorativo di nuove metodologie di gestione aziendale comporta l'assunzione di un atteggiamento innovativo nei confronti del proprio operato. Oggi viene richiesta flessibilità, competenza e maggiore professionalità, quali esiti di una formazione alla professione più globale che comprende aspetti tecnici, psicologici e manageriali. Queste problematiche investono il professionista sia a livello personale che professionale. Dal punto di vista personale egli rientra a pieno titolo tra le categorie ad elevato rischio di stress lavorativo che incide sul benessere e sulla sicurezza dell'individuo e rappresenta una minaccia per le aziende e per l'utenza. Il Lavoratore stressato commette maggiori errori, rende di meno, è più vulnerabile allo sviluppo di patologie somatiche – tradizionalmente correlate allo stress, come le malattie cardiovascolari – e psichiatriche come l'ansia e la depressione, è più esposto al rischio di infortunio lavorativo e può assumere stili di vita disfunzionali (fumo di sigarette, gambling, abuso di alcolici...). Per tali motivi negli ultimi anni è diventata sempre più pressante la necessità di occuparsi del benessere dell'individuo sul luogo di lavoro. Con l'entrata in vigore del Decreto Legislativo del 9 aprile 2008, n. 81, in materia di tutela della salute e della sicurezza nei luoghi di lavoro, l'oggetto di tutela è "la salute intesa come uno stato di completo benessere fisico, mentale e sociale, non consistente solo in un'assenza di malattia o d'infermità"; in tal senso viene sancito per l'Azienda l'obbligo non solo di valutare lo stress lavoro-correlato, ma anche di promuovere un clima organizzativo idoneo a prevenire il disagio da logorio professionale e favorire condizioni di ben-essere. Diventa pertanto strategica la programmazione all'interno delle aziende di percorsi innovativi per la valutazione e la gestione del rischio psicosociale al fine di poter incidere in maniera significativa sul clima organizzativo e migliorare l'efficacia della gestione delle risorse umane. In tal senso si è ritenuto opportuno focalizzare l'attenzione sulla resilienza. Nonostante sia stato rilevato un interesse per questo concetto già a partire da alcuni studi svoltisi nel secondo dopoguerra, l'approfondimento sistematico sulla resilienza risale ai primi anni ottanta ed alle ricerche di Emmy Werner all'Università di Davis (California). In letteratura la resilienza viene definita come la capacità di un sistema dinamico di resistere o di recuperare, a seguito di sfide notevoli che ne minacciano la stabilità, la vitalità e lo sviluppo. Detto in metafora, rappresenta la possibilità di "rimanere in piedi" nonostante le difficoltà. Quando un evento critico irrompe in un contesto di vita, il sistema di consuetudini e di abitudini si incrina; per cui è necessario sviluppare delle strategie emotive, cognitive e relazionali che permettano di riannodare i fili tra passato presente e futuro, secondo la prospettiva della resilienza, potenziando le risorse ancora disponibili e favorendo lo sviluppo di quelle latenti. La resilienza si presenta come un processo dinamico che varia nel tempo in rapporto agli eventi della vita e alla capacità dell'individuo di modulare specifiche risposte adattive. Nei contesti lavorativi la resilienza ha la funzione di consentire alla persona di proteggere la sua integrità ed aprirsi delle vie alternative nel momento in cui viene sottoposta a pressioni o si trova in circostanze difficili. I concetti di resilienza e di vulnerabilità sono gli estremi di due dinamiche psicologiche che si contrappongono ed acquisiscono maggiore utilità quando si parla di transizioni e "punti di svolta" (turning point) vale a dire, alterazioni o cambiamenti significativi di una traiettoria che possono avvicendarsi nel ciclo vitale di un individuo o in un contesto. In ambito lavorativo si verificano molti turning point e quindi può dimostrarsi utile promuovere il processo di resilienza. Si può agire su tre punti fondamentali:

- potenziare le abilità di risposta imparando a rispondere in maniera ottimale agli eventi nel momento in cui accadono (response-ability);

- attingere alle risorse disponibili utilizzando strategie di coping, un insieme adeguato di comportamenti in risposta agli stressors;
- valorizzare le competenze personali, sociali e relazionali per migliorare l'efficacia professionale.

Che cos'è lo stress?

La vita è molto semplice, ma insistiamo nel renderla complicata. – Confucius

Lo stress indica uno stato di tensione in cui viene a trovarsi l'organismo in risposta a sollecitazioni di eventi-stimoli percepiti come stressori. Uno stimolo non è fonte di stress di per sé, ma dipende da come viene percepito ed intrepretato da singolo soggetto, nonché dalle sue caratteristiche fisiche e psicologiche: ciò che può essere stressante per uno di noi non lo è per un altro. Quando l'organismo percepisce come stressori determinati stimoli, mette in atto un processo di coping, vale a dire una serie di risposte, alcune immediate ed inconsce, altre più "ponderate" e filtrate da considerazioni di tipo cognitivo (quali l'opportunità sociale, la vergogna, ecc.).

Il medico austriaco Hans Selye definì nel 1936 lo stress come "Sindrome Generale di Adattamento" che si sviluppa in tre fasi: allarme -> resistenza -> esaurimento.

L'organismo reagisce ad uno stimolo stressante entrando in "allarme", quindi cerca di opporre una resistenza al proprio stato di equilibrio "modificato" dall'evento-stimolo, per poi tentare di adattarsi e ritrovare così un nuovo equilibrio.

Il tentativo di adattamento all'ambiente esterno è fondamentale per la sopravvivenza, lo è sempre stato e lo è ancora: nonostante le diversità ambientali in cui ci troviamo a vivere, permangono i meccanismi biologici che garantiscono la sopravvivenza della specie. Qualora l'organismo non riesca nel tentativo di affrontare l'evento e ritrovare l'equilibrio, la situazione transitoria di stress permane nel tempo come se fosse la nuova condizione, diventando così "distress cronico", ovvero un fattore di rischio per la salute fisica e mentale, che può fare da catalizzatore per altre patologie. È come se vivessimo costantemente in allarme e sollecitati, pur in assenza di specifici stimoli stressanti.

In questa situazione, in cui buona parte di noi si trova a vivere, specie chi ha ritmi di lavoro sostenuti (professionisti, imprenditori, manager, ma non solo, anche impiegati, casalinghe e gli stessi giovani), può essere utile l'ausilio di un coach, per fare il punto della situazione con sé stessi, prendere coscienza del proprio stile di vita e apportare piccoli o grandi cambiamenti di prospettiva, utili ad affrontare con maggior equilibrio e positività il lavoro e la vita privata. Non va trascurato un altro aspetto del problema: l'incidenza di un evento sulla propria vita dipende soprattutto dalla percezione che ne abbiamo e dall'interpretazione che ne diamo.

In questo contesto, incidono positivamente diversi fattori come il dialogo interno, ovvero la cosiddetta "vocina" con cui ci parliamo costantemente nella nostra testa e l'atteggiamento positivo, cioè la capacità di vedere le opportunità e il "bicchiere mezzo pieno"; la linguistica, vale a dire le parole e i termini che utilizziamo per definire le situazioni. Le parole sono àncore di stati emotivi, per cui parlare di "errore" e di "esperienza" o di "problema" e di "sfida" ha un effetto diverso sul nostro stato d'animo.

Non da ultimo, importante è la capacità di vivere con "humor", in modo da saper prendere le distanze dalle situazioni e "disinnescarle" prima che ci travolgano emotivamente.

A conclusione di quanto esposto, sembra opportuno elencare, qui di seguito, le sette abitudini da adottare per gestire lo stress:

1. mantenere uno stile di vita sano (attività fisica, alimentazione corretta, riposo adeguato);
2. ricordarsi di ridere ogni giorno e di adottare il pensiero positivo;
3. mantenere attiva una rete di relazioni sociali per ricaricare le batterie;
4. sviluppare la mentalità di "problem solving", focalizzandoci più sul "come" risolvere una situazione che sul "perché" sia capitata proprio a noi;

5. sviluppare la capacità di pianificare adeguatamente il proprio tempo, riservandosi sempre del tempo per "staccare" e rigenerarsi;
6. sviluppare forme di comunicazione assertiva, in modo da entrare in empatia con i nostri interlocutori ed imparare a comunicare efficacemente sia a livello cognitivo che emotivo;
7. imparare a gratificarsi dopo un successo, piccolo o grande che sia.

Eventi Stressanti

Un evento stressante può causare diverse reazioni ed entro certi limiti esse sono fisiologiche; l'individuo per far fronte ai "life events" deve infatti poter maturare dentro di sé (processo di elaborazione del lutto, della perdita) la convinzione di essere capace di continuare a vivere nonostante tutto. Lo deve fare di fronte a qualsiasi evento traumatico. Inizialmente può essere perplesso, incredulo (non è possibile, non ci credo!), poi comincia a tirare fuori sentimenti di rabbia (proprio a me doveva capitare!) ed infine una sana accettazione dell'evento con una riorganizzazione della propria esistenza alla luce della nuova situazione che si è venuta a creare.

Quando ciò non avviene con modalità fisiologiche è possibile lo sviluppo di quadri clinici caratterizzati generalmente da disturbi dello spettro ansioso-depressivo, che dal punto di vista nosografico possono essere ascritti ai disturbi dell'adattamento, o a quadri clinici più strutturati e gravi, come un episodio depressivo maggiore.

Non esiste nessuna regola generale e le risposte agli eventi della vita sono strettamente individuali e variabili nel tempo; è lecito solo parlare di generici fattori di vulnerabilità legati a particolari caratteristiche di personalità (presenza di scarsa autostima, tratti di dipendenza, bassa tolleranza alle frustrazioni...) o a determinate circostanze della vita (superlavoro, sovrapposizione di più eventi stressanti...) e/o a precedenti esperienze psicopatologiche, come la presenza all'anamnesi di episodi ansiosi o depressivi per i quali si è reso necessario un trattamento.

Ciò che tuttavia conta è la valutazione soggettiva dell'evento; la perdita del posto di lavoro può assumere un significato diverso a seconda delle concrete possibilità di alternative possedute da un soggetto, il divorzio può avere un peso diverso da persona a persona, a seconda dell'investimento emotivo realizzato.

In alcune circostanze l'evento stressante può essere di scarsa importanza e la reazione sproporzionata, non adeguata alle circostanze, altre volte si ha un'immediata reazione di adattamento, che però può essere seguita a distanza di tempo, proprio quando tutto sembrava superato nel migliore dei modi, da un inatteso sopraggiungere di un disturbo psicopatologico.

Anche croniche situazioni di stress, accettate per anni e considerate oramai fattori stressanti abituali (assistenza a un familiare affetto da Alzheimer o ad un figlio paralitico, alta conflittualità familiare e lavorativa che persiste da anni…) possono, all'improvviso, e senza altri motivi, dar luogo a condizioni di disadattamento clinicamente significative.

Le risposte agli eventi della vita sono quindi soggettive, non sempre codificabili e attese; ma più frequentemente si manifestano sintomi depressivi, come disinteresse per l'ambiente circostante, tendenza al pianto, depressione del tono dell'umore, insonnia, inappetenza, stanchezza, tendenza all'isolamento, sintomi somatici funzionali, con compromissione della performance individuale, familiare, lavorativa e sociale.

In talune circostanze l'esperienza depressiva può manifestarsi in forma mascherata (masked depression), sotto forma di disturbi comportamentali insoliti per il paziente, come l'improvvisa richiesta di certificazioni per giustificare l'assenza dal lavoro di un insegnante a distanza di otto mesi da un tragico incidente automobilistico in cui è rimasto coinvolto insieme alla famiglia, o all'inusuale assunzione di alcolici o analgesici da parte di una madre che ha scoperto da qualche mese che il suo unico figlio è un "tossico" o, ancora, l'insorgenza improvvisa di una condizione di irritabilità sul lavoro o in famiglia in un operaio di una ditta che ha deciso di operare tagli di spesa e che non riesce a vivere con l'incubo del licenziamento.

Il nucleo depressivo che si correla a disagi esistenziali ed eventi stressanti può, se non identificato e trattato adeguatamente, strutturarsi nel tempo, cronicizzare e dar luogo a quadri clinici più gravi e difficili da gestire; l'esperienza depressiva appare ora globale, capace di stravolgere l'equilibrio di un soggetto e comprometterne la qualità della vita; appare devastante, intimamente connessa alla struttura di personalità del soggetto e del suo modo di affrontare i problemi della vita.

Dal punto di vista terapeutico questa concezione ha aperto orizzonti inesplorati e rafforzato la capacità del clinico di operare scelte terapeutiche efficaci, multimodali e appropriate al singolo caso clinico.

La considerazione che molti quadri depressivi cronici ed invalidanti che pervengono allo psichiatra possano essere la conseguenza di condizioni cliniche non gestite adeguatamente in precedenza, deve far riflettere sulla necessità di non sottostimare l'esperienza depressiva, nella molteplicità delle sue manifestazioni cliniche.

SCALA DEGLI EVENTI STRESSANTI

100 morte del coniuge

73 divorzio

65 separazione dal coniuge

63 morte di un parente stretto

53 incidente o malattia

50 matrimonio

47 licenziamento

45 pensionamento

40 gravidanza

38 cambiamento nello stato economico

37 morte di un amico stretto

36 cambiamento di attività lavorativa

29 cambio di responsabilità sul lavoro

La scala degli eventi stressanti proposta da Holmes e Rahe (1967) è un tentativo di quantificare l'impatto degli eventi sull'individuo. Il peso dello stress è tuttavia soggettivo, vale a dire che ogni individuo effettua una valutazione personale, variabile nei diversi momenti della vita, di qualsiasi evento; quanto più questo è indesiderato, imprevisto o incontrollabile, tanto più pone il soggetto in una condizione esistenziale che può sfuggire al controllo razionale ed emotivo.

In definitiva tutto ciò che cambia le nostre abitudini è fonte di stress e richiede un adattamento; condizioni di vulnerabilità favoriscono l'insorgenza di distress o disadattamento, fino a veri quadri psicopatologici.

Eu/Di-Stress

Un concetto che si va sempre più affermando nella cultura medica è quello di **qualità di vita**, tanto da rappresentare un tema sempre più dibattuto ed oggetto di interesse. L'età media della popolazione è aumentata ed il **concetto di salute**, secondo la definizione dell'Organizzazione Mondiale della Sanità, è inteso in senso positivo, **come benessere complessivo dell'individuo**.

In Medicina ciò si traduce nella opportuna attenzione verso un **approccio psicosomatico** caratterizzato da una visione globale della persona nei suoi bisogni fisici e psichici ed il compito del medico, oltre che diretto alla gestione delle patologie, è diventato più articolato estendendosi alla cura della *salute residua* e alla *promozione della salute (salutogenesi)*.

L'infartuato che un tempo veniva stroncato in età prematura oggi è diventato il coronaropatico portatore di by-pass e il cirrotico può avere un fegato nuovo e vivere molto più a lungo; tantissime altre malattie, comprese le neoplasie, oggi presentano una prognosi migliore.

Questa *salute residua* diventa così l'oggetto dell'intervento del medico che deve salvaguardarla aiutando il paziente a scegliere la terapia più "appropriata" e lo stile di vita più consono alla nuova situazione (compliance al trattamento, riduzione del peso…).

L'altro aspetto riguarda invece la **promozione della salute** in generale nella misura in cui è ampiamente noto che molte patologie fisiche o psichiche sono dovute al comportamento umano; si pensi agli incidenti automobilistici causati dall'alta velocità e dall'abuso di alcolici o alla correlazione tra fumo di sigarette e carcinoma polmonare. Comportamenti questi che rappresentano uno *stile di vita disfunzionale* quale risposta disadattiva alle problematiche della vita.

Nella pratica clinica si ha il polso di questa tensione, del **mal-essere esistenziale**, delle tante patologie frutto di un inadeguato adattamento alle problematiche della vita.

Lo stress è una parola magica, la si usa in ogni circostanza; anche in medicina quando si vuole interpretare un **sintomo non altrimenti spiegabile** il medico pronuncia la formula: *non si preoccupi, è solo questione di stress, lei non ha niente, deve solo riposare un po'*.

Lo stress è l'elemento vitale dell'esistenza, rappresenta la tensione con cui si affronta la vita ed è dato dall'equilibrio tra le richieste che provengono dal nostro intimo (ambizioni, desideri) o dall'esterno (necessità di acquistare una casa, di accudire i figli…) e la nostra capacità di farvi fronte in modo adeguato.

Non sono solo gli eventi negativi che complicano la vita delle persone ma anche gli eventi positivi come nel caso di Michele che dopo la nascita del secondo figlio e la contestuale promozione avuta sul lavoro ha cominciato a presentare una forte sintomatologia ansiosa per la sua incapacità di "affrontare e gestire" i cambiamenti della vita.

Lo stress nasce dunque dall'incertezza, dall'insicurezza, dalla paura del futuro, dalla sensazione che si ha **quando si perde il "controllo degli eventi della vita"**, quando si comincia a ritenere di non essere in grado di gestire con prontezza ed efficacia gli inevitabili cambiamenti, sia positivi che negativi, della vita.

In linea di massima ciascun individuo dovrebbe essere in grado di gestire adeguatamente lo stress quotidiano e di adattarsi ad esso nel migliore dei modi (*eustress*); il livello di tensione può salire in certi periodi della vita, quando uno o più problemi diventano motivo di preoccupazione, ma dovrebbe essere modulato e riportato in condizioni fisiologiche al più presto.

Un elevato e persistente grado di tensione comporta nel tempo lo sviluppo di una condizione di disadattamento (*distress*) con gravi conseguenze sul benessere fisico e psichico dell'individuo; l'idea (o *errata convinzione*) di non poter far nulla per evitare le conseguenze dello stress alimenta e sostiene uno *stile di vita disfunzionale*, che rappresenta un maldestro tentativo di autoterapia.

La somatizzazione

Una delle conseguenze più immediate e dirette dello stress è la *somatizzazione* in cui l'individuo sposta tutte le tensioni e i conflitti della vita.

L'abnorme attivazione dello stato emozionale (**iperarousal psicofisiologico**) che contraddistingue una condizione di stress comporta a lungo andare un cedimento delle strutture difensive dell'organismo, una *usura* prematura ed eccessiva dei tessuti, uno stato di tensione psichica che contribuisce, come in un circolo vizioso, ad alimentare ulteriormente il grado di tensione dell'organismo.

Lo stato d'allarme che ne consegue si associa frequentemente ad una **condizione di alexitimia**, di incapacità del soggetto di vivere ed esprimere le proprie emozioni di sofferenza, come nel caso di Antonio, un avvocato di 35 anni che riferisce di soffrire da tempo di mal di testa, con prevalente localizzazione nucale. Tutti gli esami praticati sono negativi, e lui si dispera perché sperava che almeno la TAC cranio avesse potuto trovare la causa della sua sofferenza; i suoi ritmi di vita sono serrati e fatica a rincorrere e gestire tutti i problemi lavorativi.

Ma Antonio non riesce ad essere consapevole della propria sofferenza emotiva, ha focalizzato tutto sul mal di testa, abusando di analgesici e rifiutando categoricamente il ricorso allo psichiatra. Il suo ritmo di vita è accelerato e la tensione emotiva è elevata entrando nell'**area di rischio psicosomatico**; il suo organismo comincia a dare segni di sofferenza che lui attribuisce ad una causa organica da identificare e trattare.

Ogni situazione conflittuale, sia individuale che familiare o lavorativa, può quindi indurre uno stato di tensione tale da determinare la comparsa di **sintomi fisici funzionali** che possono essere motivo di profonda sofferenza.

Il comportamento

Oltre alla somatizzazione un fenomeno di difficile gestione nella pratica clinica è rappresentato da **comportamenti abnormi**, legati a vissuti di sofferenza interiore non riconosciuti e indice di una cattiva gestione delle proprie risorse e di una risposta disadattiva ai problemi della vita.

Questi comportamenti, ricordiamo il fumo di sigaretta, l'abuso di alcolici, l'alimentazione incontrollata, la non adesione a trattamenti farmacologici laddove sono necessari, la non osservanza dei consigli del medico, alimentano un senso di impotenza.

Riconoscendosi incapaci di *smettere di fumare* o di *bere alcolici* si compromette, a volte seriamente, la qualità della vita e spesso, proprio per il sovrapporsi di più problemi, tali soggetti pensano di non essere più in grado di condurre una vita normale inducendo in sé una forte tendenza ad alimentare queste condotte, proprio per il senso di rabbia legato alla supposta incapacità di cambiare stile di vita.

Un paziente infartuato può continuare a fumare, a mangiare cibi grassi, a sottoporsi a ritmi di vita stressanti (nonostante possa trovarsi nelle condizioni di scegliere una vita più tranquilla), a non attenersi alle prescrizioni mediche. Riterrà tutto inutile e continuerà a vivere in questo modo, nonostante la necessità di apportare, nell'interesse di sé stesso e della comunità, sostanziali cambiamenti alla propria vita.

Molte persone ricorrono al medico richiedendo certificati per malattia; si dicono stanche, irritabili, incapaci di concentrarsi sul lavoro; spesso queste persone vivono stati di tensione interna non riconosciuta e non trattata. La loro vita sembra essere una fonte di continua tensione e irritabilità nei confronti soprattutto dei familiari e dei colleghi di lavoro; arrivano ad essere impulsivi e aggressivi, a rispondere in modo eccessivo anche a piccoli stimoli, fino a compromettere le proprie performance familiari e lavorative.

La medicina deve potersi continuamente interrogare su come intervenire e gestire queste situazioni che nel complesso gravano in modo evidente sulla qualità della vita dei pazienti, con notevoli ripercussioni sulla società (crescita ed educazione dei figli, rendimento lavorativo…).

Lo Stress da lavoro, lo stress del quotidiano

Il lavoro occupa molto tempo della vita di un individuo ed anche quando vissuto con entusiasmo non è esente dal causare **ansia e tensione**, o meglio stress da lavoro. Alcune indagini condotte su alcune categorie professionali (medici, insegnanti, giornalisti) hanno infatti evidenziato che lo stress lavorativo, indipendentemente dall'essere soddisfatto della propria professione, induce una serie di conseguenze sull'organismo che possono in alcuni casi sfociare in veri **disturbi psicosomatici**.

Ansia, tensione emotiva, depressione, disturbi fisici, superficialità nel rapporto con gli utenti, irritabilità, insonnia, stanchezza, minore efficienza lavorativa sono i sintomi che tali professionisti correlano alla tensione lavorativa; in particolare l'ansia e la tensione emotiva arrivano a toccare il 58.2% dei medici intervistati, il 53.6 degli insegnanti ed il 20% dei giornalisti.

Questi dati ci invitano a riflettere sulla opportunità di **dosare i propri sforzi lavorativi** attraverso una migliore gestione delle risorse umane.

In molti altri casi i sintomi riferiti hanno a che fare con lo stress quotidiano; piccoli e ripetuti traumi (**microtraumatismi della vita quotidiana**) possono favorire l'insorgenza di disturbi emotivi come nel caso della casalinga che deve badare ai figli, ai suoceri, al marito e che nel tempo libero si reca a casa dei propri genitori anziani per aiutarli.

Per quanto vada tutto bene essa è sottoposta ad uno stato di tensione continua che la rende vulnerabile allo sviluppo di **disturbi dello spettro ansioso-depressivo**.

La comprensione del **contesto storico** in cui si sviluppa un sintomo appare pertanto un compito di fondamentale importanza in medicina, e lo stile di vita del paziente spiega in gran parte la natura dei disturbi emotivi.

Approccio clinico allo stile di vita disfunzionale

Parlare di psicologia del benessere e del *mal-essere* della vita non vuol dire vedere ovunque problemi psichiatrici; l'evidenza però dell'esistenza pervasiva di stili di vita disfunzionali non può essere messa in discussione.

Il vero problema per il clinico è la **definizione della soglia del patologico**:

- Quando trattare un soggetto?
- Come trattarlo?
- Quando un disturbo diventa clinicamente significativo?
- Quando richiedere l'aiuto di uno specialista?

Lo stress può essere immaginato lungo una linea retta che si protrae dal fisiologico (*eustress*) al patologico (*distress*), e qui si riconosce l'eziologia di molti disturbi.

Ma in quale punto della linea il medico deve cominciare a preoccuparsi?

Evidentemente non esiste una risposta completa; alcuni indici possono aiutarci ad individuare la soglia del patologico e ad instaurare un idoneo trattamento.

In molte delle situazioni descritte non vi è **consapevolezza del disagio**, lo stile di vita disfunzionale è radicato profondamente nella personalità del soggetto e qualsiasi approccio clinico appare, purtroppo, di difficile attuazione.

Viceversa, possono essere considerati validi indici clinici la forza motivazionale con cui una persona chiede aiuto, il grado di sofferenza indotta dalla sintomatologia e la conseguente compromissione del funzionamento globale rispetto al passato.

Avere una crisi d'ansia, soffrire di stress e di tensione emotiva, curarsi, star bene, ma continuare a sostenere lo stile di vita che ha generato la crisi vuol dire favorire ben presto il ritorno dei sintomi, la loro strutturazione in disturbi più gravi e successiva cronicizzazione.

Cominciamo a riflettere sulla nostra vita, impariamo a considerare i momenti di crisi e di ansia come **segnali di disagio**, come un invito a rivisitare e **riorganizzare la propria vita in termini di** *ben-essere*.

Cominciamo a credere nella possibilità di creare una vita più serena: *un minuto tutto per te*, un piccolo investimento per un grande risultato – come spiega Spencer Johnson nel suo libro – può essere l'inizio di un nuovo modo di vivere.

Il rischio psicosociale e le patologie da stress lavoro-correlate

Dal punto di vista normativo in Italia negli ultimi anni si è assistito ad una profonda rivoluzione culturale che ha consentito di recepire le principali linee di indirizzo europee in tema di tutela del lavoratore, tutela peraltro sancita in modo inequivocabile dall'articolo 32 della nostra Costituzione; da un lato si è avuto il riconoscimento dello stress lavorativo come causa di malattia professionale, dall'altro è stato sancito l'obbligo da parte del datore del lavoro di adoperarsi per la tutela dell'integrità psicofisica del lavoratore.

Il Piano Sanitario Nazionale 2006-2008 – sulla scia del precedente PSN 2003-2005 – ha infatti riconosciuto come accanto alle patologie da rischi noti stiano acquisendo sempre maggiore rilievo *le patologie derivanti dai rischi psico-sociali connessi all'organizzazione del lavoro* o da "costrittività organizzativa" (stress, burn-out, mobbing ecc.).

Tale orientamento appare in linea con il contestuale aggiornamento dell'elenco delle malattie professionali per le quali è obbligatoria la denuncia (GU 76/1.4.2010 Supp Ord n. 66) dove sono stati inseriti tra "i nuovi agenti patogeni" le disfunzioni dell'organizzazione del lavoro (costrittività organizzative) e le malattie ad esse connesse (Tabella 1).

Nel Gruppo 7 delle Malattie psichiche e psicosomatiche da *disfunzioni dell'organizzazione del lavoro*, le patologie identificate come malattie professionali sono il disturbo dell'adattamento cronico (con ansia, depressione, reazione mista, alterazione della condotta e/o dell'emotività, disturbi somatoformi) e il disturbo post-traumatico cronico da stress.

Esse rappresentano un primo tentativo di circoscrivere le patologie da stress lavorativo, nella consapevolezza che le problematiche sono più complesse e che l'espressività clinica del disagio lavorativo può comprendere una grande diversità di patologie somatiche e psichiche.

L'importanza di queste argomentazioni è stata confermata con l'ultimo decreto in materia di tutela della salute e della sicurezza nei luoghi di lavoro (DL 81/2008) dove vi è chiaramente indicato – articolo 28 – come l'oggetto di valutazione dei rischi debba riguardare anche quelli collegati allo *stress lavoro-correlato*.

Per l'azienda vi è tuttavia un obbligo aggiuntivo, alla luce di questo decreto non è più sufficiente identificare e curare in modo precoce le malattie professionali, bensì occorre adoperarsi concretamente per la tutela della salute dell'individuo, intesa come "stato di completo benessere fisico, mentale e sociale, non consistente solo in un'assenza di malattia o infermità" (Art. 2, comma 1, lettera o).

La valutazione del rischio *psicosociale* nella realtà professionale non sempre è agevole: vicende personali, familiari, organizzative dell'azienda, relazionali, lavorative e sociali si intrecciano inevitabilmente dando luogo ad una serie di problematiche difficili da riconoscere e valutare.

Lo *stress lavoro-correlato* si inserisce nel contesto della vita di una persona quale diretto effetto di problematiche lavorative malgestite in cui prevalgono elementi di *costrittività organizzativa* o di *disfunzioni dell'organizzazione del lavoro*, quali si possono obiettivare attraverso apposite indagini e strumenti [6,7].

TABELLA 1

Malattie psichiche e psicosomatiche da disfunzioni dell'organizzazione del lavoro.
Malattie psichiche e psicosomatiche
– *Disturbo dell'adattamento cronico* (con ansia, depressione, reazione mista, alterazione della condotta e/o emotività, disturbi somatoformi). Codice identificativo: II.7.01. F43.2.
– *Disturbo post-traumatico cronico da stress*. Codice identificativo: II.7.01 F43.1.

La codificazione delle malattie professionali riporta alcuni esempi di costrittività organizzativa:
– Marginalizzazione dall'attività lavorativa;
– Attribuzione di compiti dequalificanti;
– Attribuzione di compiti esorbitanti o eccessivi;
– Impedimento all'accesso di notizie;
– Inadeguatezza delle informazioni inerenti al lavoro;
– Esclusione da iniziative formative;
– Esercizio esasperato di forme di controllo;
– Altre assimilabili.

Non è facile misurare lo stress lavorativo, né stabilire con certezza la validità degli strumenti e delle metodologie adottate a tal fine, è possibile tuttavia stabilire delle strategie di indagine puntuali, a step, che da un'iniziale valutazione dell'assetto organizzativo di un determinato ambiente lavorativo procedono gradualmente fino ad analizzare gli aspetti personologici dell'individuo, in una specifica situazione o contesto.

L'obiettivo fondamentale è quello di avere una chiara visione dei rischi psicosociali presenti in un determinato ambiente, di quale sia il loro impatto sull'economia aziendale e dell'individuo e di quali siano i danni già evidenti derivanti da tali rischi [8].

Tale analisi non è fine a sé stessa, non ha l'obiettivo di rilevare dei dati a fini statistici bensì quello di:

- comprendere quali siano le problematiche rilevanti all'interno di un'organizzazione;

- pianificare ed adottare strategie per migliorare il clima aziendale e il benessere dei lavoratori;
- identificare precocemente situazioni di disagio o franca patologia;
- evidenziare gli aspetti positivi dell'organizzazione;
- creare un processo di continuo monitoraggio dei fattori di rischio e degli interventi preventivi posti in essere per prevenirne o limitarne gli effetti.

In quest'ottica, e nella visione dell'Organizzazione Mondiale della Sanità, la valutazione del rischio psicosociale non si risolve in un'asettica applicazione di uno o più questionari in osservanza a specifiche norme, quanto nell'attivazione di un processo di gestione del rischio continuo, che coinvolga tutti i livelli aziendali, nella consapevolezza che i danni derivanti dallo stress lavorativo minacciano il benessere dell'individuo e la vita stessa dell'organizzazione.

Lo stress lavorativo può nuocere a chiunque e a qualsiasi livello, esso può essere presente in qualsiasi settore produttivo e ad ogni livello dell'organizzazione: lo stress compromette la salute dell'individuo ma anche quello dell'organizzazione e della società (Tabella 2).

La difficoltà di comprendere le dinamiche essenziali dello stress lavoro-correlato è insita nella difficoltà stessa di definire lo stress in termini oggettivi e di correlarlo a specifiche patologie.

Esistono molti modelli interpretativi del disagio lavorativo, alcuni pongono molta enfasi sui fattori di vulnerabilità individuale, altri sulle disfunzioni dell'organizzazione o sulle caratteristiche del lavoro, rispetto al loro potenziale stressante in termini di turnazione, responsabilità, di carico di lavoro o di impatto emotivo.

L'approccio odierno tende a dare una definizione dello stress lavorativo in termini di distress derivante da un disequilibrio tra le richieste lavorative e le capacità di adattamento dell'individuo; molto spesso negli operatori sanitari ciò che maggiormente risulta devastante sul piano psicologico è la penosa sensazione, a fronte di una situazione lavorativa stressante, di non poter esercitare alcun controllo su di essa, di essere impotente, di non poter prendere alcuna decisione risolutiva, avere la consapevolezza di non possedere gli strumenti idonei per fronteggiare in modo adeguato lo sforzo richiesto, di non avere interlocutori credibili e competenti, di non ricevere nessun tipo di supporto; la convinzione, invece, di avere il controllo sugli eventi può limitare i danni fisici dello stress [9].

TABELLA 2

Effetti dello stress sull'individuo e sull'organizzazione.

Sintomi individuali:
– stanchezza, irritabilità;
– fumo di sigarette, abuso di alcolici;
– depressione del tono dell'umore;
– ansia, insonnia;
– insoddisfazione;
– demotivazione;
– somatizzazioni.

Sintomi organizzativi:
– assenteismo;
– elevato turnover;
– scarsa qualità;
– presenteismo;
– maggiore incidenza di infortuni lavorativi;
– conflittualità.

Tali sintomi, per il persistere dell'agente stressante ed in assenza di misure preventive possono essere alla base di vere malattie individuali (patologie cardiovascolari, episodi depressivi maggiori ecc.) o organizzative (frequenti gravi incidenti, scioperi prolungati, fallimento dell'azienda ecc.).

Per ciò che concerne le conseguenze dello stress lavoro-correlato, esse possono concretizzarsi in diversi aspetti riguardanti sia l'individuo che la sua professionalità, in particolare si può avere:

- una maggiore possibilità di incorrere in errori professionali e incidenti sul lavoro;
- una minore efficacia professionale;
- una maggiore incidenza di forme di disagio psichico o di vere patologie, come l'ansia e la depressione;
- una maggiore vulnerabilità allo sviluppo di patologie organiche;
- una alterazione in negativo della qualità della vita con l'assunzione di stili di vita disfunzionali.

L'errore professionale, in ogni ambito, è direttamente correlato a condizioni di stress: inevitabilmente quando si è sotto pressione vi è un calo della capacità di attenzione e concentrazione, più facilmente possono prevalere aspetti emotivi disturbanti la razionalità (come la rabbia e l'irritabilità) con diminuzione della lucidità mentale e della prontezza ad assumere decisioni o ad agire con fermezza [10].

Qualsiasi persona se assorta nei propri pensieri e preoccupazioni, se posta in situazioni di tensione oltre un certo limite, non riesce ad avere il controllo della situazione e anche l'evidenza può sfuggire [11]; molti incidenti automobilistici, molti infortuni sul lavoro e molte disattenzioni sono infatti correlati a stati di tensione, a iperarousal psicofisiologico o allarme psicofisico.

In tali condizioni si assiste anche ad un calo complessivo di professionalità che può comportare un'accentuazione ed una esasperazione delle normali tensioni relazionali con un aumento della conflittualità, una riduzione della capacità di relazionarsi agli altri e di empatia, con l'assunzione di atteggiamenti paranoici, di cinismo o di superficialità; il rendimento lavorativo ne risulta compromesso in termini di efficienza ed efficacia.

Tutto ciò in specifiche professionalità – come le helping professions – può tradursi nell'insorgenza della sindrome del burn-out caratterizzata da logorio professionale, disagio psichico e demotivazione, fino a quadri di vera patologia psichiatrica [12,13].

L'ansia e la depressione, più in generale, rappresentano i principali disturbi psichici da stress lavoro-correlati; essi danno luogo a quadri clinici molto variabili e a prevalente espressività somatica, come la gastrite, il colon irritabile, forme di astenia o di cefalea muscolo-tensiva, mialgie ed altre somatizzazioni.

Ciò da un lato favorisce l'adozione di condotte automedicamentose, come l'assunzione protratta di analgesici o l'abuso di alcolici, dall'altro pone importanti problemi di diagnostica differenziale in quanto sono frequenti le condizioni di comorbidità con patologie fisiche; si ha così una maggiore complessità dei quadri clinici e della prognosi.

Molti studi ad esempio hanno messo in rilievo la correlazione tra stress lavorativo, sviluppo di depressione e ricorrenza di eventi coronarici acuti [14] con la possibilità che si instaurino circoli viziosi difficili da valutare e gestire [15,16].

È stato anche evidenziato che il rischio di mortalità e morbilità cardiache è tre volte superiore nei pazienti post-infartuati con depressione rispetto ai pazienti senza depressione, con la necessità – soprattutto in condizioni ad alto impatto emotivo – di valutare i sintomi sub-clinici della depressione [17].

Lo stress riduce la qualità di vita dell'individuo che tende a comportarsi in modo disfunzionale, a fumare, ad abusare di alcolici o ad assumere droghe, a condurre una vita sedentaria, a non seguire un'alimentazione corretta, a non aderire con puntualità alle terapie in presenza di patologie mediche come il diabete; alcuni studi evidenziano che l'elevata incidenza della sindrome metabolica nella società contemporanea sia espressione di uno stile di vita disfunzionale spesso correlato a condizioni di stress lavorativo [18].

La Sindrome del Burn-out

Il termine burn-out si riferisce a un fenomeno che si sta rilevando di estremo interesse e preoccupazione per le conseguenze negative che comporta sul piano professionale e che colpisce tutte quelle professioni – le *helping professions* o professioni di aiuto – che hanno implicito nel loro mandato la connotazione di essere "di aiuto" agli altri.

In tali professioni è implicita una relazione diretta tra lavoratore e utente al punto che le capacità personali sono implicate più delle abilità professionali: medici, infermieri, psicologi, terapisti della riabilitazione, assistenti sociali, poliziotti, sacerdoti, avvocati e insegnanti rientrano tra le categorie più particolarmente esposte a condizioni di distress lavorativo proprio in ragione del carico emotivo dell'attività professionale, senza dubbio più rilevante rispetto ad altre, e delle generali condizioni di disagio organizzativo dei contesti lavorativi.

Il termine burn-out – traducibile in italiano con bruciato, esaurito, scoppiato – esprime con un'efficace metafora il bruciarsi dell'individuo e il suo "cedimento psicofisico" rispetto alle difficoltà dell'attività professionale.

Esso esprime il *"non farcela più, il malumore e l'irritazione quotidiana, la prostrazione e lo svuotamento, il senso di delusione e di impotenza di molti lavoratori, e in particolare di quelli che operano nei servizi sociosanitari"* [19].

Il burn-out è stato variamente definito e tutte le definizioni tendono a sottolineare uno o più aspetti del fenomeno; tutte evidenziano l'esaurirsi delle risorse della persona che lentamente si brucia nel tentativo di adattarsi alle difficoltà del confronto quotidiano con la propria attività lavorativa.

L'approccio clinico al burn-out non può tuttavia prescindere, come vedremo, dall'analisi puntuale della personalità del soggetto, del suo modo di essere e di rapportarsi a sé stesso e agli altri, del suo stile di vita.

Tale analisi ci consente di contestualizzare il disagio nella specifica situazione e di analizzare i diversi aspetti del fenomeno al fine di cogliere, da un lato, gli aspetti clinici soggettivi del disagio, dall'altro, le ragioni del malessere legato a valenze organizzative. Non esiste un'equazione puntuale tra stress lavorativo e ambiente lavorativo: lo stesso ambiente può essere stressante per un soggetto e motivo di crescita professionale per un altro.

È dal rapporto soggettivo tra le caratteristiche individuali e il confronto con l'attività lavorativa che scaturisce o meno una condizione di distress lavorativo.

Il burn-out è una sindrome che può avere diverse graduazioni ed essere reversibile. Cherniss, che ha ripreso il modello di risposta di stress di Hans Selye, la descrive così:

- stress lavorativo: squilibrio tra risorse disponibili e richieste;
- esaurimento: risposta emotiva a questo squilibrio;
- conclusione difensiva: quantità di cambiamenti nell'atteggiamento.

Lo stress lavorativo è definito come lo squilibrio che viene a crearsi tra le risorse disponibili e le richieste che provengono all'individuo sia dal mondo interiore che dall'esterno; in termini di efficienza normalmente l'equilibrio è dato dal rapporto tra risorse e attività, tra l'ottimale utilizzo delle risorse disponibili e ciò che realisticamente una persona può realizzare. Lo squilibrio si crea quando le risorse disponibili non sono sufficienti a rispondere in modo adeguato ai propri obiettivi e alle richieste che provengono dalla struttura organizzativa o dal paziente; un esempio è l'equilibrio fondato sulla profonda convinzione di dover essere sempre e in ogni caso capace di risolvere i problemi dei pazienti, da cui deriva uno squilibrio in termini di produttività che si rivela frustrante per la persona e induce ad esaurire progressivamente tutte le risorse.

L'ambiente lavorativo viene così vissuto come estenuante e logorante, l'attenzione deviata verso gli aspetti più tecnici e burocratici piuttosto che clinici; il soggetto viene a trovarsi in una condizione di allarme (*risposta emotiva*) e di continua tensione che, se non adeguatamente gestita, conduce alla progressiva *disillusione e frammentazione* dei propri ideali professionali, con conseguente incapacità a riprogrammare l'attività in funzione delle reali risorse disponibili.

La risposta difensiva a questo punto diventa inevitabile; una serie di cambiamenti negativi nell'atteggiamento verso sé stessi, verso i colleghi di lavoro e verso l'utenza servono a limitare, per quanto possibile, i danni fisici e psichici che inevitabilmente ne derivano, nella recondita speranza di riuscire a sopravvivere alla professione.

Dal punto di vista clinico, i segni e i sintomi del burn-out sono molteplici, richiamano i disturbi dello spettro ansioso-depressivo e sottolineano la particolare tendenza alla somatizzazione e allo sviluppo di disturbi comportamentali; è comunque forte la correlazione sintomatologica con condizioni di *distress*.

Per tali motivi sarebbe opportuno evitare la creazione di una nuova sindrome, anche per non dare ulteriore motivo di critica agli attuali sistemi nosografici e far rientrare il quadro clinico in uno dei disturbi già noti (il *disturbo dell'adattamento* ed il *disturbo post-traumatico da stress*), lasciando poi al medico legale, al perito di parte o del tribunale, allo psichiatra forense e agli avvocati il compito di trarre le debite conclusioni correlando la diagnosi clinica al burn-out o, più in generale, all'area delle "patologie da fattori psico-sociali associate a stress".

È questo l'ambito in cui ci si può muovere per la codifica del burn-out in termini di malattia professionale, dando pieno riconoscimento a fattori conseguenziali a condizioni di logorio professionale.

La valutazione complessiva del soggetto – ai fini della valutazione del burn-out come malattia professionale – deve comunque escludere la presenza di sindromi e disturbi psichici riconducibili a patologie d'organo e/o sistemiche, all'abuso di farmaci e all'uso di sostanze stupefacenti; di sindromi psicotiche di natura schizofrenica; della sindrome affettiva bipolare, maniacale e di gravi disturbi della personalità.

Parlando di burn-out parliamo in definitiva di stress, così come è conosciuto dai nostri antenati ad oggi, con le sue molteplici sfaccettature e con le sue potenzialità in termini di adattamento.

Se oggi discutiamo di burn-out non lo facciamo perché abbiamo scoperto una nuova sindrome ma perché riconosciamo l'importanza di valorizzare nelle aziende il lavoro del singolo individuo.

Parlare dunque di burn-out può essere un utile stimolo per sollecitare un confronto sulle problematiche dell'attività lavorativa in ambito sia istituzionale che privato.

Migliorare l'efficienza degli operatori – e di sé stessi – va a tutto vantaggio dell'attività lavorativa e favorisce l'acquisizione di uno stile di vita funzionale in termini di qualità [20].

Il disagio professionale è tuttavia presente anche in quelle branche specialistiche considerate meno stressanti e non abbiamo ancora dati sufficienti per affermare con certezza che un settore specialistico sia più a rischio di un altro.

Lo stress lavorativo coinvolge indistintamente tutti gli operatori e tutte le branche specialistiche.

Ci sono persone che lavorano con pieno entusiasmo in situazioni difficili ed emotivamente intense e persone che vivono una condizione di disagio professionale in situazioni apparentemente meno stressanti.

Il problema reale consiste nel considerare le situazioni specifiche in cui singoli operatori svolgono la propria opera; pur non negando l'esistenza di fattori emozionali più difficili da gestire in specifici ambiti professionali, ci sembra più opportuno andare a cogliere il disagio soggettivo della persona rispetto alla propria attività lavorativa.

Lo stress lavorativo è ubiquitario e pertanto appare opportuno preoccuparsi di salvaguardare le singole professionalità in rapporto ai potenziali rischi a cui sono esposte, anche attraverso efficaci strumenti legislativi e contrattuali – peraltro già in vigore – che codificano in modo chiaro norme per la tutela del lavoratore.

In ogni settore lavorativo, dalle aziende private agli uffici pubblici, dalla scuola alle carceri, dagli ospedali alle caserme, ovunque, non ultimo nell'ambito della protezione civile e del volontariato, non si può ignorare l'importanza di garantire – prima di ogni altra cosa – un'adeguata formazione del personale.

Un'efficace struttura organizzativa dovrebbe avere tra gli obiettivi principali quelli di adeguare le condizioni lavorative in rapporto alla tipologia lavorativa e, soprattutto, deve evitare di mandare le persone allo sbaraglio, senza un'adeguata formazione e senza un monitoraggio costante delle condizioni lavorative che possa evidenziare tempestivamente la presenza di situazioni di disagio.

Stress e ben-essere. Riconoscere e gestire le proprie risorse

Lo stress non si può evitare, anzi esso è il sale della vita: è proprio grazie allo stress che riusciamo ad essere attivi e motivati.

Un certo grado di stress ha infatti effetti positivi nell'economia globale di una persona, in quanto consente all'organismo di migliorare il modo di affrontare la vita, "caricandosi" al punto giusto.

Si diventa vigili, attenti al punto giusto: l'apprendimento migliora, le capacità di attenzione, di concentrazione e di percezione si affinano, si dà più spazio all'intuizione e alla creatività, ottenendo la spinta necessaria per la migliore espressione di sé.

In questo caso si parla di "eustress", adattamento o stress positivo.

Quando invece si diventa tesi, eccessivamente vigili o troppo caricati, l'agitazione, l'irrequietezza e l'ansia entrano a far parte della nostra esperienza, rendendoci talvolta la vita impossibile; quando cioè i meccanismi di risposta allo stress non vengono adeguatamente gestiti lo stress stesso diventa causa di disfunzione e di malattia, di "distress".

Lo stress è il grande modulatore delle funzioni biologiche e psicologiche di ogni individuo, aiuta a vivere bene e a dare il meglio di sé; quando però diventa cronico o è particolarmente intenso, quando non lo si riesce a gestire (per esempio se dopo aver risolto un problema non si ha la capacità di rilassarsi e di ritornare in condizioni di riposo), quando non consente all'individuo di ritrovare un giusto equilibrio, trovare cioè la giusta soluzione ai suoi problemi, si entra nell'area di rischio psicosomatico.

L'adattabilità dell'organismo ha limiti che non possono essere superati e tutte le ricerche dimostrano che la resistenza agli agenti stressanti può arrivare solo fino ad un certo punto, oltre il quale l'organismo cede, si logora cedendo il passo a disturbi emotivi, cefalee, insonnia, ipertensione ed altre patologie psicosomatiche.

Lo stress, laddove non ben gestito comporta sempre una modificazione funzionale a carico dei diversi organi o apparati, correlabile ad una abnorme attivazione dello stato emozionale del soggetto e quindi alla eccessiva produzione di sostanze (adrenalina, cortisolo …) che si liberano nel corso della risposta di stress.

È possibile allora pensare che questa condizione di abnorme stato di attivazione dell'organismo possa poi rivelarsi quale fattore concausale, scatenante o aggravante in patologie in cui è ben documentabile una lesione organica, come nell'ulcera peptica o nell'infarto miocardico.

Per tali motivi una gestione funzionale ed ottimale delle risorse umane consente di limitare gli effetti nocivi dello stress, ma consente anche lo sviluppo di fattori di resilienza che riducono la vulnerabilità individuale allo stress.

Da qui la necessità di realizzare adeguati programmi di gestione dello stress adottando strategie ben precise.

Attraverso percorsi formativi ben definiti – il fitness cognitivo-emotivo – è possibile favorire l'implementazione delle potenzialità della mente nei suoi aspetti emotivi e razionali. Ciò consente di essere soddisfatti del presente, di rafforzare la propria autostima e di imparare ad essere *Response Able*, di saper agire con precisione e fermezza nel preciso momento in cui occorre agire.

L'autoefficacia personale esprime la grande potenzialità della mente umana – nei suoi aspetti cognitivi ed emotivi – di rappresentare sé stessa in modo coerente, in un dinamismo continuo e positivo, in grado di rendere l'individuo resiliente e capace di gestire le tensioni del quotidiano.

Ciò consente di ottenere migliori risultati operando con decisione e fermezza anche quando le scelte richiedono abilità specifiche e quando non c'è spazio per l'incertezza.

Il fitness cognitivo-emotivo aiuta l'individuo a meglio potenziare le abilità della mente, nei suoi aspetti cognitivi ed emotivi; associato ad un adeguato programma di esercizio fisico medicale, gli effetti positivi si amplificano, consentendo di raggiungere una condizione di ben-essere.

Stress e benessere: Il fitness cognitivo-emotivo

La prevenzione del disagio lavorativo è impegnativa e interessa tutte le categorie professionali.

Sia a livello aziendale, nell'ambito di strutture organizzate, sia a livello di singoli professionisti, si ravvisa la necessità, considerata l'entità delle condizioni di disagio lavorativo, di attuare specifiche strategie di prevenzione.

Tuttavia le risorse disponibili risultano insufficienti e spesso vengono destinate ad altre attività; vi è da rilevare una generale tendenza a trascurare la prevenzione poiché non viene ancora compresa l'importanza di far leva sulle risorse umane.

Nella Tabella 3 vengono riportati i segnali di allarme che possono essere indicativi della presenza di un disagio; essi sono generici e riguardano il singolo lavoratore.

TABELLA 3
Segnali di allarme.

– Insolita irritabilità;
– Alterazioni del sonno;
– Modificazioni comportamentali (assenteismo, abuso di alcolici ecc.);
– Difficoltà di concentrazione;
– Paura e ansia per situazioni ordinarie;
– Malessere fisico;
– Impasse decisionale.

Vi possono naturalmente essere motivazioni personali di disagio, cause extralavorative responsabili dell'insorgenza di un quadro depressivo o ansioso e di un calo del rendimento professionale; molto spesso fattori personali si intrecciano con quelli lavorativi con valenza concausale.

L'importanza di saper cogliere i segnali di allarme rispetto al disagio professionale deve essere sottolineata anche nell'ambito dell'attività libero-professionale.

Il disagio lavorativo è ubiquitario e non riguarda soltanto le strutture organizzative come le aziende, interessa l'intero ambito lavorativo; nella gestione di un'attività professionale autonoma intervengono altre problematiche che, se non ben considerate e gestite, possono essere motivo di stress.

A parità di professionalità, esiste un ventaglio di problematiche comuni tra chi opera in piena autonomia e chi invece dipende da una struttura; tuttavia esistono profonde divergenze che meritano una specifica attenzione in quanto connesse alla tipologia dell'attività considerata.

È quindi importante lavorare per una cultura generale che aiuti l'individuo ad avere una maggiore consapevolezza del proprio disagio e a saper cogliere i segnali del logorio professionale.

Per quanto riguarda invece la prevenzione delle patologie da stress lavorativo, o comunque delle situazioni da logorio professionale che demotivano il lavoratore, gli interventi devono essere continui e con un monitoraggio costante della loro efficacia.

Il monitoraggio del clima organizzativo e la pianificazione di progetti preventivi non possono più essere ignorati, sia per un'intrinseca attività di tutela del prestatore d'opera, come richiesto dalla normativa vigente, sia per i danni che ne possono derivare all'interno di una struttura organizzativa disattenta alle problematiche dello stress lavorativo.

Relativamente alla natura e all'oggetto degli interventi, essi dovrebbero essere distinti in interventi strutturali e funzionali (Tabella 4).

TABELLA 4
Livelli d'intervento per la prevenzione dello stress lavorativo.

Interventi strutturali:
– adeguamenti strutturali e rispetto dei requisiti minimi;
– coerenza con la missione aziendale;
– appropriatezza del clima organizzativo e sua coerenza interna.

Interventi funzionali:
– selezione e addestramento del personale;
– sviluppo competenze tecniche;
– sviluppo competenze trasversali;
– contrattazione psicologica.

I primi riguardano l'ambiente di lavoro e sono mirati alla strutturazione della matrice organizzativa appropriata su cui gli operatori agiscono.

Tale matrice costituisce la struttura portante dell'azienda, deve pertanto avere una chiara definizione, non essere dispersiva, vaga o generica, bensì pratica, comprensibile, obiettiva a tutti i livelli aziendali.

Il mancato rispetto dei requisiti strutturali, la non osservanza dei vincoli normativi di riferimento, il mancato rispetto dei contratti di lavoro, e anche la presenza di obiettive difficoltà operative – dovute, ad esempio, a una rigida strutturazione gerarchica o all'incombenza di una burocrazia paralizzante – risultano indubbiamente tra le cause primarie delle patologie da disfunzione organizzativa, e quindi del distress lavorativo.

Gli interventi funzionali entrano nel merito della funzionalità dell'azienda e quindi sono diretti innanzitutto alla gestione delle risorse umane, sia riguardo al singolo che al team.

Ciò presuppone la conoscenza dei livelli di competenza degli operatori rapportati alle competenze richieste, la rilevazione di livelli di criticità a livello aziendale, la necessità di implementare alcune aree di specializzazione.

La formazione può quindi avere caratteristiche generali, essere rivolta a tutti o, nello specifico, essere direzionata, in ragione delle strategie aziendali, verso settori specifici o "strategici", in rapporto alla specifica professionalità.

In particolare risulta strategico prevedere percorsi formativi rivolti ad implementare le competenze trasversali (le cosiddette soft skills) degli operatori, ritenute cruciali per l'efficacia personale.

Esse riguardano l'acquisizione di una corretta metodologia per la risoluzione dei problemi, lo sviluppo di modalità di pensiero innovative, laterali [21], l'implementazione di abilità peculiari come la Response Ability [22], ovvero la capacità di rispondere in maniera ottimale a ciò che accade nel momento in cui accade, abilità particolarmente utili per la gestione di situazioni di stress.

Questo approccio ha portato all'individuazione delle caratteristiche delle persone vincenti [23], alla scoperta della resilienza [24], alla definizione del senso di autoefficacia percepita [25], alla comprensione dell'importanza dell'intelligenza emotiva [26], dell'ottimismo [27], della creatività [21], dell'autostima [28], alla valorizzazione dell'esperienza del libero flusso o flow [29].

Tradotti in termini pratici, questi concetti, che sottendono le potenzialità espressive della personalità matura, connotano la persona, il singolo professionista, di un pervasivo senso di responsabilità che lo porta ad essere identificato sempre di più come *knowledge worker* (lavoratore della conoscenza), persona che gestisce informazioni, idee, abilità [30].

Rileggendo i dati raccolti dalle ricerche condotte negli ultimi anni, il logorio professionale sembra riflettere un atteggiamento diffuso di impotenza rispetto a una frenesia generalizzata che non trova giustificazione nella realtà; obiettivi da raggiungere, efficienza, efficacia, budget, carichi di lavoro, empowerment, team, coaching, management, leadership, flessibilità, programmazione, gestione del tempo, conflittualità... ci troviamo di fronte a un nuovo dizionario che sembra disattendere le reali esigenze di valorizzazione del capitale umano.

È impossibile eliminare le situazioni impegnative della vita e del lavoro, ma si può migliorare la maniera in cui vengono affrontate modulando la disponibilità delle risorse in rapporto allo stress da gestire.

La possibilità di gestire lo stress è correlata ad una reale presa di coscienza di queste problematiche, alla consapevolezza che esse possono essere identificate e gestite, alla capacità di guardare al futuro con sano ottimismo [31] e con un occhio di riguardo alla propria salute, fisica e mentale.

Innanzitutto occorre imparare a vivere bene la realtà presente; qualsiasi problematica che interferisce con il benessere individuale può essere fonte di disagio e sofferenza.

Tale livello di soddisfazione si ottiene innanzitutto imparando a riconoscere nel passato le esperienze che hanno migliorato la propria esistenza e a far comunque tesoro anche di quelle che hanno presentato particolari criticità.

Ciò rafforza il senso di identità personale e proietta l'individuo nel futuro.

La presenza di una progettualità solida e sostenibile diventa un fattore di profonda motivazione psicologica e di protezione rispetto allo stress lavorativo.

Può essere importante programmare alcune pause di riflessione per valutare il proprio livello di gratificazione e soddisfazione professionale; lo stress non lo si percepisce nella sua gravità, spesso è sottostimato e non valutato.

Per tali motivi è importante, attraverso semplici riflessioni, comprendere il proprio livello di tensione aumentando la consapevolezza dei pericoli insiti nelle dinamiche del logorio professionale.

Nel valutare il proprio livello di tensione è importante comprendere anche la natura della propria efficacia relazionale.

La valutazione delle modalità con cui ci si rapporta agli altri è un fattore importante per comprendere la presenza di una condizione di tensione interiore non gestita in modo appropriato.

La valutazione soggettiva del contesto lavorativo può facilitare l'insorgenza di quadri clinici da logorio professionale poiché in questo modo si sviluppa la capacità di assumere un atteggiamento positivo, in grado di contrastare gli effetti negativi derivanti da stati di tensione emotiva.

È opportuno affinare le proprie capacità di affrontare i problemi senza dispendio di energia e ridimensionare gli obiettivi professionali allineando le proprie aspettative a un livello realistico.

Anche in contesti lavorativi difficili è possibile individuare modalità positive di adattamento.

Un problema o una controversia possono essere affrontati con diverse modalità; non esiste in assoluto la soluzione giusta.

La risposta ad un evento va calibrata con estrema oculatezza valutando ogni aspetto del problema e salvaguardando innanzitutto il proprio benessere.

In molti contesti lavorativi anche problematiche come la gestione dei turni di servizio possono diventare fonte di frustrazione e conflittualità.

Le capacità di adattamento al contesto lavorativo variano da persona a persona; ognuno possiede una propria modalità di adattamento che consente di mettere in essere, di volta in volta, le opportune strategie di risoluzione dei problemi.

L'apprendimento di *strategie di coping* efficaci consente al lavoratore di affrontare con assertività le tensioni derivanti dall'attività lavorativa: tener testa, lottare con successo, far fronte ai problemi con assertività – *coping* – esprimono molto bene un adattamento funzionale all'ambiente.

L'adattamento efficace (eustress) consente di esprimere il meglio di sé in ogni circostanza, limitando gli effetti negativi dello stress lavorativo.

Un livello elevato di tensione emotiva ha un impatto negativo sulle funzioni cognitive (attenzione, concentrazione, processi decisionali ecc.).

Quando si opera in condizioni di tensione la funzionalità della mente è compromessa. Ciò espone la persona ad un elevato rischio clinico poiché non sarà più in grado di controllare con efficacia i processi decisionali: sarà più distratto, meno concentrato, avrà più difficoltà a ricordare e a mettere insieme le informazioni necessarie per valutare le condizioni cliniche del paziente.

Per tali motivi la formazione del lavoratore deve:

- potenziare le sue *abilità di risposta (response-ability)*;
- attingere alle risorse disponibili utilizzando adeguate *strategie di coping*;
- valorizzare le sue *competenze* personali, sociali e relazionali.

In quest'ottica il *Centro Studi Psicosoma* ha promosso in diversi contesti lavorativi percorsi formativi centrati sul *fitness cognitivo-emotivo*, un metodo di apprendimento che si ispira ai concetti della moderna psicologia e il cui obiettivo fondamentale è quello di rendere l'individuo più consapevole delle risorse di cui dispone al fine di migliorare la sua capacità di gestire efficacemente le problematiche lavorative [32].

In occasione del percorso formativo è stato somministrato ai partecipanti un test per valutare l'*indice di resilienza*.

In letteratura la *resilienza* viene definita come la capacità di un sistema dinamico di resistere o di recuperare a seguito di sfide notevoli che ne minacciano la stabilità, la vitalità e lo sviluppo.

La *resilienza* si presenta come un processo dinamico che varia nel tempo in rapporto agli eventi della vita e alla capacità dell'individuo di modulare specifiche risposte adattive.

Nei contesti lavorativi la resilienza ha la funzione di consentire alla persona di proteggere la sua integrità ed aprirsi delle vie alternative nel momento in cui viene sottoposta a pressioni o si trova in circostanze difficili.

L'indice di resilienza è stato valutato attraverso la somministrazione di un test, composto da 56 item; esso prende in considerazioni due dimensioni psicologiche, la *dimensione disreattiva* (ansia, depressione, fobia, somatizzazione) e la *dimensione proattiva* (intelligenza emotiva, response ability, autostima); il rapporto fra le due dimensioni, definito *indice di resilienza*, fornisce una valutazione delle modalità dell'individuo di rapportarsi all'ambiente in un determinato momento della vita.

Si possono così evidenziare gli sforzi messi in essere per sostenere le difficoltà, il livello di impegno, la sofferenza psicologica necessaria ad assicurare un buon livello di resistenza, la natura delle risorse psicologiche disponibili, il grado di soddisfazione generale e la propensione all'innovazione e alla positività (*autoefficacia*).

Sono stati testati circa 5000 soggetti nel corso di eventi formativi e conferenze realizzati dal 2006 ad oggi in diverse regioni italiane; hanno partecipato all'indagine liberi professionisti (avvocati, medici, manager) e specifiche professionalità di aziende pubbliche o private (funzionari amministrativi, medici specialisti, agenti di polizia, insegnanti di scuole di diverso ordine e grado).

Dalle diverse esperienze formative condotte in Italia sono emersi alcuni dati e considerazioni.

È stato osservato che la *dimensione proattiva* raggiunge una media di 9 punti (scala 1-56), mentre invece la *dimensione disreattiva* un punteggio medio di 34.8 (scala 1-56).

Dall'indagine emerge una generale tendenza dell'individuo a sottoutilizzare e sottostimare le risorse disponibili, limitando così le proprie potenzialità psicologiche: anche chi ottiene buoni risultati e raggiunge livelli ottimali di soddisfazione ha difficoltà a contenere i momenti di disagio psicologico.

Tra le difficoltà evidenziate nel campione emerge, infatti, la presenza di:

- malessere interno;
- inquietudine;
- vissuti di impotenza rispetto al futuro;
- paura del futuro;
- difficoltà ad avere uno stile alimentare corretto;
- problematiche relative al desiderio sessuale;
- difficoltà ad esprimere le proprie emozioni;
- rigidità di pensiero;
- paure immotivate;
- tensione interiore e difficoltà a rilassarsi.

Per molte persone tali aspetti sono fonte di disagio e compromettono la sensazione soggettiva di *ben-essere* che modula il livello quotidiano di soddisfazione personale; a ciò si aggiunge che il campione esaminato tende a:

- non sognare ad occhi aperti, a non avere fiducia nel futuro;
- non essere deciso ed assertivo;
- temere l'innovazione e le nuove esperienze;
- non rafforzare le proprie conoscenze, non studiare.

L'obiettivo fondamentale dei percorsi formativi è quello di concentrarsi sugli aspetti positivi della personalità che si fondano soprattutto sulle capacità di:

- saper riconoscere e gestire le emozioni;
- avere fiducia in sé stessi ed essere autonomi;
- essere assertivi, intraprendenti e decisi;
- saper gestire le situazioni difficili e i momenti di crisi;
- sognare ad occhi aperti e progettare il futuro;
- saper organizzare al meglio la propria vita ed avere il controllo degli impegni assunti;
- mantenere la calma in situazioni difficili;
- risolvere i problemi senza disperdere eccessive energie;
- essere innovativi, positivi, creativi;
- avere fiducia negli altri, favorire le buone relazioni;
- investire tempo nello studio per rafforzare le proprie conoscenze;
- saper accettare i propri difetti;

- imparare a dare il meglio di sé anche di fronte agli imprevisti;
- saper affrontare le difficoltà al momento giusto e con fermezza;
- favorire il confronto costruttivo con gli altri;
- essere contenti e soddisfatti di sé stessi, sapersi rilassare.

Per raggiungere tale obiettivo è stato proposto il modello del *fitness cognitivo-emotivo* [33] che mira ad aiutare l'individuo ad affinare la capacità di operare scelte adeguate a sostenere il proprio benessere psicofisico grazie ad un allenamento costante dei processi mentali, sia cognitivi che emotivi.

In linea generale per esprimere il meglio di sé e promuovere il *fitness cognitivo-emotivo* occorre mantenere con soddisfazione lo *status quo*, attuare un programma di monitoraggio continuo del proprio rendimento, sviluppare un atteggiamento positivo – *ottimistico* – nei confronti della vita ed avere come obiettivo il miglioramento della propria efficacia umana e professionale.

Il mantenimento dello *status quo* non è scontato o automatico ma richiede impegno e sacrificio costante; per poter essere sempre all'altezza delle situazioni occorre saper sostenere una performance stabile ed efficace, garantita da un attento programma di monitoraggio del proprio rendimento; tale monitoraggio tende a dare stabilità agli impegni attuali, a garantire affidabilità e coerenza, a promuovere l'innovazione e la ricerca di nuove opportunità.

Un *atteggiamento positivo* nei confronti della vita favorisce questo processo alimentando la fiducia nelle proprie capacità e promuovendo la naturale tendenza all'ottimismo quale dimensione motivazionale dell'uomo; ciò rende più concreto e forte l'impegno quotidiano verso il progressivo rafforzamento delle abilità personali.

Per ciò che concerne le abilità cognitive, esse possono essere rafforzate e migliorate attraverso la valorizzazione dell'esperienza di vita personale e favorendo un allenamento costante delle capacità di apprendimento, elaborazione, pianificazione e adattamento: un esercizio continuo di interazione creativa con l'ambiente che determina una vera modificazione strutturale del cervello.

Quanto maggiore è il *fitness cognitivo* di un individuo, tanto più egli sarà in grado di affrontare le sfide della vita, di prendere decisioni, di gestire le situazioni complesse, di codificare nuove idee e punti di vista alternativi e di modulare il comportamento con assertività ed efficacia.

Un programma di *fitness cognitivo*, per essere efficace, deve prevedere interventi mirati al rafforzamento della motivazione personale, all'innovazione e alla crescita intellettuale.

L'attività intellettiva, la progettualità, la cura di sé stessi e l'attenzione verso gli altri, il senso di utilità del proprio ruolo, l'accurata valutazione dei propri impegni e della loro rispondenza a obiettivi precisi sono tutti elementi che favoriscono migliori performance cognitive.

È difficile stabilire uno standard minimo di riferimento, l'attività cognitiva è il riflesso della propria personalità, degli interessi lavorativi o artistici, dell'educazione ricevuta e degli studi fatti, dell'interesse verso la cultura in senso generale, della curiosità nei confronti dell'ambiente, della scienza e della società.

Il *fitness cognitivo* rappresenta quindi un forte stimolo all'innovazione: con l'allenamento mentale si previene l'inerzia e si favorisce la creatività.

L'apprendimento delle abilità emotive – il *fitness emotivo* – necessita, invece, di una metodologia diversa in quanto presuppone un'adeguata conoscenza del proprio mondo emotivo e lo sviluppo di abilità relazionali.

La comunicazione tra due persone avviene in modo circolare ed è favorita dalla capacità dell'uomo di costruire, conoscere (*capacità introspettiva*) e condividere i modelli mentali o paradigmi; quando ci si confronta faccia a faccia con una persona si ha un processo di reciproco influenzamento che rende possibile la condivisione dell'esperienza umana nei suoi aspetti cognitivi ed emotivi (*empatia*). Questo processo di sintonizzazione è alla base delle abilità sociali dell'uomo e costituisce il fondamento della cooperazione interindividuale.

Il fitness emotivo deve muoversi su un livello individuale e uno relazionale.

A livello individuale l'apprendimento delle abilità emotive è favorito dalla conoscenza del proprio Sé che può essere rafforzato da un processo di costante *autoanalisi* o da percorsi di psicoterapia individuale.

Per migliorare il livello relazionale risultano invece efficaci i percorsi formativi centrati sulle dinamiche di gruppo; lavorare in gruppo, esprimere emozioni e condividerle con gli altri consente all'individuo di riappropriarsi della propria dimensione emotiva e di riconoscere e gestire al meglio le più importanti emozioni nella relazione con gli altri.

Il lavoro di gruppo riduce il senso di isolamento, favorisce l'introspezione e migliora la qualità delle relazioni.

Il *fitness cognitivo-emotivo* risponde quindi all'esigenza di favorire la crescita armonica dei processi cognitivi ed emotivi alla base della personalità matura; molte difficoltà individuali o relazionali nascono da divergenze nella modulazione di questi due processi e dall'incapacità di accrescere i meccanismi integrativi delle funzioni mentali.

Esso si propone come un processo di apprendimento continuo capace di favorire l'accrescimento dei fattori personali di resilienza; la caratteristica fondamentale di questi processi di apprendimento è la loro dinamicità e variabilità nel tempo.

Non si ha mai la garanzia di aver acquisito le abilità emotive e cognitive in modo completo e duraturo, poiché nessun allenamento può essere episodico: come nello sport, la persona che sceglie di allenarsi lo fa con costanza, determinazione e forza avendo ben chiari gli obiettivi.

Nel contesto della formazione ECM (Educazione Continua in Medicina) si ritiene quindi importante implementare questo tipo di esperienza che consolida metodologie di insegnamento e apprendimento proprie dell'andragogia, rafforza l'identità personale e favorisce contesti lavorativi improntati ad uno spirito di maggiore collaborazione professionale.

Quando lo stress fa bene

Pensavamo che l'ideale fosse una vita tranquilla, priva di stress e di emozioni forti? E invece, no. Contrordine, lo stress fa bene anzi allunga la vita. È uno dei dati che emergono da una storica ricerca americana durata 90 anni: 1.500 bambini sono stati seguiti durante tutto l'arco della loro esistenza, per individuare i fattori di rischio ma soprattutto gli elementi che garantiscono una vita lunga e in salute. Tra cui appunto lo stress. Almeno, è quanto è emerso dagli articoli apparsi sui quotidiani. In realtà, le cose sono un pochino più complicate. Quello che emerge dal *Longevity project* firmato oggi dagli psicologi Howard S. Friedman e Leslie Martin – e punto di arrivo di uno storico studio avviato nel 1921 da Lewis Terman, uno dei padri della psicologia americana, autore di importanti test sul quoziente intellettivo – è che nella vita è importante porsi traguardi, darsi degli stimoli. In altri termini, vivere, non limitarsi a vegetare. «Abbiamo visto», spiega Friedman, «che le persone fortemente motivate, che hanno lavorato di più e ottenuto buoni successi sul lavoro, sono anche le più longeve. Potremmo definirle persone che non si sono ammazzate di lavoro, ma che di lavoro – grazie al lavoro – hanno vissuto». Dalla ricerca è emerso chiaramente che il lavoro duro in sé non nuoce affatto alla salute «e che non è necessario condurre un'esistenza noiosa e priva di interessi per campare a lungo», osserva Friedman. Anzi i dati confermano che è vero il contrario.

«Lo stress in quanto tale è semplicemente una reazione a uno stimolo esterno è il nostro modo di adattarci a quello che succede intorno a noi. E quindi anche gli eventi positivi – pensiamo per esempio a una promozione sul lavoro – possono essere fonte di stress». Tutto dipende come lo viviamo: «siamo intelligenti quanto basta per farci del male da soli, ma queste stesse caratteristiche possono insegnarci a gestire meglio il nostro stress» ricorda Robert Sapolsky, uno dei padri degli studi sullo stress, che utilizza le sue ricerche sulla vita sociale delle scimmie per capire come i fattori psicologici contribuiscano a rendere dannosa una risposta fisiologica che è anche il motore della nostra esistenza.

«L'importante è dare una valutazione di tipo sia cognitivo che emozionale di quello che ci succede». Le nostre reazioni e il nostro modo di reagire nascono dalla nostra storia personale, e può essere utile una valutazione oggettiva, che non tenga solo conto delle emozioni – sono innamorata di quella persona, voglio ottenere quel determinato obiettivo – ma anche di una valutazione obiettiva delle nostre potenzialità – sono in grado di raggiungere quell'obiettivo? È davvero quello che voglio? – e del nostro benessere – quella persona mi fa stare davvero bene?

«La formula per stare bene è essere ragionevolmente soddisfatti di ciò che si fa, avere aspettative realistiche, non rinunciare a sfide importanti ma neanche consumarsi in inutili battaglie», spiegano i ricercatori americani. La tendenza a drammatizzare ha notoriamente effetti negativi, ma contrariamente a quanto spesso si pensa, anche l'ottimismo eccessivo è sopravvalutato: i «cuor contento» rischiano di non pesare bene la difficoltà di un progetto, e comunque di andare incontro a delusioni frustranti, mentre l'atteggiamento ideale è un ottimismo prudente e coscienzioso. Un fattore indubbiamente positivo è invece la resilienza, ossia la capacità di resistere quando le cose non vanno come dovrebbero. «E si tratta di un fattore che possiamo migliorare con una sorta di allenamento cognitivo». «Quando riusciamo a controllare i diversi aspetti della nostra vita, è più facile vivere le sfide in modo positivo. Ma a volte ci sono problemi con cui dobbiamo imparare a convivere, cercando altre valvole di sfogo per il nostro benessere: già renderci conto che siamo in grado di gestire lo stress ci aiuta a sentirci meglio». E anche quando affrontiamo eventi imprevedibili, possiamo imparare a reagire nel modo più efficace: «se per esempio dobbiamo fronteggiare una malattia, possiamo correre in giro come matti alla ricerca di pareri diversi, o fermarci e fare il punto cercando di trovare le soluzioni migliori. Molte volte poi basta mettere in prospettiva quanto accaduto: per fortuna non tutte le cose che ci succedono sono vere catastrofi».

E le sfide? Sono il vero stress positivo, anche se ovviamente il concetto di sfida è soggettivo: per qualcuno può essere battere un record alla guida di un bolide di Formula 1, per altri prendere l'aereo per la prima volta, ricominciare a studiare dopo una certa età o scendere in pista in discoteca. «Dobbiamo imparare a esplorare i nostri confini, senza forzarci troppo», spiega lo psichiatra, «Non siamo tutti piloti di Formula 1, tutti però possiamo sperimentare il fenomeno del *flow*: quella sensazione di entusiasmo e di benessere che proviamo quando affrontiamo una sfida impegnativa, ma sapendo che ce la possiamo fare». Può trattarsi di una competizione sportiva, di un progetto di lavoro, di una paura da vincere. «Ovviamente è più facile vivere un'esperienza di questo tipo quando si fa un lavoro che piace», ammette lo psichiatra «Ma a volte basta avere un atteggiamento positivo, valorizzare quello che si sta facendo. Pensiamo ai tanti insegnanti che reagiscono alle frustrazioni nel mondo della scuola trasmettendo ai propri studenti il piacere di conoscere». È un fenomeno che possiamo paragonare all'innamoramento: «quando da giovani ci avviciniamo a qualcuno che ci interessa siamo emozionati curiosi e da un punto di vista fisiologico anche un po' stressati – con la bocca asciutta e il cuore che batte più forte, se però lo stress diventa eccessivo, patologico, ci paralizziamo e non siamo più in grado di vivere questa esperienza». In questo caso rinunciare a una dose accettabile di stress ci impedirebbe di vivere esperienze importanti e arricchenti. Naturalmente bisogna conoscere i propri limiti. «Ciascuno di noi ha un livello massimo di stress, superato il quale crolla. Il rischio è quello di arrivarci senza accorgersene», prosegue lo psichiatra «trovandoci nella situazione di una rana che, immersa in una pentola di acqua progressivamente scaldata, muore senza rendersene conto». Per questo dobbiamo imparare ad ascoltare i campanelli di allarme – stanchezza disturbi fisici difficoltà di concentrazione irritabilità insonnia – che sono spesso indice di difficoltà nel gestire lo stress. E assicurarci di avere una solida rete di supporto: «il sostegno sociale è fondamentale e ci aiuta ad affrontare lo stress in modo positivo». Il Longevity Project lo conferma: a vivere più a lungo sono le persone che mantengono i contatti con familiari amici e colleghi, «anzi si è visto che aiutare gli altri è anche più importante che avere qualcuno che ci aiuti. E voler bene a qualcuno è più importante che avere qualcuno che ci vuole bene» spiega Friedman «I soggetti più longevi sono persone mature, psicologicamente autonome, che imparano presto a conoscere i veri valori della vita».

Regole d'oro:

- Prendiamoci cura di noi stessi: stanchezza e cattiva alimentazione ci rendono più fragili.

- Cerchiamo di passare un po' di tempo all'aria aperta: sfruttiamo l'attività fisica per liberarci dallo stress negativo e rafforzarci per affrontare le sfide che ci interessano.

- Impariamo a conoscere noi stessi: non diamo per scontato che quello che fanno gli altri vada bene per noi, se ci sentiamo a disagio in una situazione prendiamoci del tempo per riflettere e trovare la «nostra» strada.

Non fa male stressarsi, fa male continuare a stressarsi quando non è più necessario: ci sono momenti – durante una gara o in vista di una scadenza importante – in cui bisogna dare il massimo, ma finita l'emergenza bisogna imparare a rilassarsi.

Esercitiamo la creatività: avere un atteggiamento combattivo nei confronti delle difficoltà ed esercitarsi a trovare diverse soluzioni ci aiuta a mantenere il controllo e rafforza il nostro sistema immunitario.

Non concentriamoci su un unico progetto: la nostra vita non può dipendere solo da una storia d'amore o dal successo nel lavoro. È importante avere obiettivi diversificati e dare spazio agli elementi positivi della nostra vita anche nei momenti più bui.

Proponiamoci obiettivi realistici. Non c'è niente di male nel puntare alto, ma non sempre è possibile trovare un lavoro gratificante o raggiungere i traguardi desiderati.

Impariamo a essere autonomi: la nostra felicità – o infelicità – non può dipendere dalle altre persone.

Impariamo però anche a chiedere aiuto: una buona rete di relazioni sociali è il ricostituente migliore per ripartire con energia.

Sforziamoci per quanto possibile di vedere il bicchiere «mezzo pieno»: non per accontentarci, ma per recuperare le energie per nuove sfide.

L'opinione di un esperto: David Lazzari

«Il *Longevity Project* evidenzia che le persone che stanno meglio, nella mente e nel corpo, sono quelle più consapevoli, che conoscono meglio sé stessi e i propri limiti per cercare di superarli in modo graduale», sintetizza David Lazzari, Presidente della Società Italiana di PNEI (PsicoNeuroEndocrinoImmunologia) e autore del saggio *La bilancia dello stress* (Liguori 2009).

– Per molti però il concetto di stress positivo è già difficile da comprendere

«Definiamo stress un insieme di processi che si attivano quando dobbiamo affrontare qualche situazione impegnativa. Lo stress ci serve per affrontare la vita nelle sue diverse situazioni. Se non ci fosse sarebbero guai!»

– Ma non sempre è positivo…

«Per capire meglio possiamo fare un parallelo con il cibo: a dosi giuste è essenziale, se diventa troppo o troppo poco allora nascono i problemi. Per quanto riguarda lo stress, può diventare eccessivo a causa di eventi eccezionali che possono colpirci ma soprattutto del rapporto che abbiamo con la vita. Se c'è un equilibrio di fondo siamo in grado di dosarlo adeguatamente».

– Quali sono gli effetti sul fisico – in ottica PNEI – dei diversi tipi di stress?

«La scienza sta capendo che l'eccesso di stress è uno dei maggiori fattori di malessere e malattia, soprattutto nei paesi più ricchi. Invece uno stress positivo, in sintonia cioè con i nostri equilibri e bisogni, è un fattore salutare, perché dà all'individuo la giusta energia per fare le cose e ci aiuta a vivere meglio e più a lungo. È un po' la sensazione che si prova dopo una attività piacevole, ci sentiamo "carichi", pieni di forza».

Come trasformare in positivo un'esperienza stressante?

«Tutto dipende dall'equilibrio di quella che abbiamo definito "la Bilancia dello Stress", dove da un lato ci sono le richieste esterne e quelle interne (cioè le nostre aspettative), dall'altro le risorse interne (cioè le capacità che ci riconosciamo) e quelle esterne, cioè l'aiuto, il sostegno che possiamo avere dagli altri o da cose piacevoli che facciamo. Dopo dieci anni di ricerche abbiamo visto che questo modello descrive bene lo stress che proviamo».

– Come rimettere in equilibrio la bilancia?
«Si tratta in primo luogo di capire come funziona lo stress, per adattare i principi generali alla nostra personalità. Anche le nuove esperienze sono

positive, nella misura in cui corrispondono a queste esigenze, non si può generalizzare… Ad esempio, sappiamo che nell'infanzia l'esposizione a stimoli nuovi è positiva e allena il bambino a gestire meglio lo stress, ma deve essere equilibrata e commisurata alle caratteristiche del bambino, sennò otteniamo l'effetto opposto».

– L'idea di "emozione positiva" è evidentemente molto soggettiva. Esiste un denominatore comune?

«Il livello di soddisfazione e arricchimento che l'esperienza ci dà. Se facciamo una cosa che davvero ci piace, per noi stessi ma anche per gli altri, possiamo sentirci più vivi e più ricchi. Lo stress in questi casi è del tutto positivo».

– Lo stress positivo è un fenomeno psicologico o ha anche una componente fisica?

«Lo stress è questione di mente e di corpo e può aiutare o danneggiare entrambi. Diventa positivo ogni volta che andiamo nella giusta direzione, mantenendo l'equilibrio tra richieste e risorse. Oggi la società ci propone mille soluzioni per tutto, suggerendo di combattere lo stress con sport, integratori, farmaci, formule magiche di vario tipo: ma se tutto questo viene fatto in modo scriteriato, serve solo a peggiorare le cose. Se vogliamo "positivizzare" il nostro stress dobbiamo fare scelte personalizzate, usando la "bilancia" per capire ciò che ci serve».

Stress Amico

Arrigo Sacchi non sa affrontarlo. Con lui, almeno altri 12 milioni di italiani. Era già successo nel 1998 quando allenava il Parma. Poi nel 2001, sulla panchina dell'Atletico Madrid. Nel frattempo però la battaglia di Arrigo Sacchi sembrava vinta.

E invece no: <<Con dispiacere lascio un incarico cui tengo molto>>, ha spiegato dando l'addio al suo ruolo di coordinatore delle nazionali giovanili di calcio che gestiva ormai dal 2010, <<ma ho un avversario terribile che sono riuscito a governare per 22-23 anni. È ormai il mio tarlo ed è lo stress>>. Un nemico silenzioso e distruttivo che rischia di rovinare la vita e persino la salute. Non solo quella di un personaggio pubblico, come l'ex allenatore dai tanti successi.

E voi? Cercate di pensare come neutralizzarlo e persino come farci amicizia. Innanzitutto sfatiamo un mito: lo stress non è per forza il male assoluto. Si tratta di un livello generale di attivazione dell'attenzione che non solo ci consente di gestire i problemi quotidiani e fronteggiare situazioni impreviste, ma anche di essere curiosi del mondo. Insomma, ci aiuta anche a goderci la vita. La sua origine è molto antica: l'uomo primitivo doveva per forza "stressarsi" perché, se non fosse stato sempre all'erta non sarebbe sopravvissuto all'attacco degli animali feroci. Ora, noi non viviamo più cacciando, ma il cervello tende ancora a reagire nello stesso modo. Tutto questo dunque è un bene, ma solo se si resta entro certi limiti. Che per ognuno sono del tutto diversi. Ci sono condizioni che per alcuni sono insopportabili, semplicemente perché rievocano momenti poco piacevoli, mentre per altri sono la norma. E viceversa. Fatto sta che a un certo punto ci si accorge di non reggere più. Come è successo a Sacchi, insomma. E come accade ogni giorno ad almeno 12 milioni di italiani che, come accertato da un recente sondaggio di Astraricerche per la multinazionale Sanofi, non riescono più a dormire bene. L'alterazione del riposo è uno di quei campanelli d'allarme che devono far riflettere. Quando si ha l'angosciante sensazione di perdere il controllo tanto che le proprie abitudini quotidiane vengono stravolte occorre fermarsi e mettere un punto. In concreto, dunque attenti alla sensazione di stanchezza perenne, all'aumento della fame o al contrario all'assenza dell'appetito. Se poi diminuisce l'interesse per il partner e compaiono mal di testa, sudori freddi e palpitazioni, allora è proprio il caso di dire basta. Ci siamo convinti di poterci adattare a qualunque tipo di impegno: il lavoro, la famiglia, la cura della casa. Vogliamo fare tutto, ma non è possibile. Bisogna prenderne atto e farsene una ragione.

Proprio per questo, forse, Sacchi ha fatto riferimento alle sue figlie, ammettendo di essere stato un padre poco presente. Approfittate della pausa estiva per affrontare la vita con lentezza e recuperare i valori autentici della vita. Un po' di sport all'aria aperta, magari insieme con le persone a cui vogliamo bene, è un aiuto straordinario perché libera la dopamina, un antidepressivo naturale del cervello. E se non basta? Non abbiate paura di chiedere aiuto a uno specialista: fate un passo indietro e domandatevi se vale la pena di stare così male, di rischiare la salute.

Ben-essere in azienda

Che il lavoro sia fonte di stress e che lo stress comporti conseguenze negative per l'individuo lo sappiamo da tempo; lo stress lavorativo è presente in ogni attività professionale in cui lo si va a cercare. Molto poco si fa sul versante della prevenzione e c'è molta incertezza su come delineare programmi di prevenzione dello stress lavorativo, la cui presenza si riflette inevitabilmente sulla crescita umana e professionale degli individui.

Lo stress (nella sua veste negativa, il **distress**) è insidioso, inibisce e riduce la performance lavorativa, condiziona lo sviluppo di una sana motivazione, paralizza l'individuo in ogni sua possibilità di sviluppo, riducendo la sua qualità di vita, lo esaspera e lo disarma, lo rende irritabile, lamentoso, ostile, lo induce a cercare una difesa accorta e sterile, spesso cinica.

Per questo motivo la **gestione delle risorse umane** deve essere una prerogativa indispensabile per lo sviluppo di qualsiasi azienda.

Queste premesse rendono possibile un lavoro nuovo, l'implementazione e lo sviluppo delle potenzialità umane dove lo stress (nella sua veste positiva, l'**eustress**) diventa un fattore motivante capace di aprire orizzonti nuovi e inesplorati.

La prevenzione dello stress lavorativo diventa così promozione di **ben-essere**.

Le Aziende lo sanno, cominciano però solo ora a investire risorse nella formazione del personale, a credere nelle potenzialità espressive delle risorse umane, ma è ancora presto per poter essere soddisfatti degli investimenti realizzati e dei risultati conseguiti.

Azienda e individuo lavorano insieme per soddisfare le esigenze del cliente che, al di là delle sue aspettative, rappresenta lo scopo principale di un'organizzazione che mira al successo.

In quest'ottica azienda ed individuo collaborano attivamente e congiuntamente per il raggiungimento dei rispettivi obiettivi: il vero senso di appartenenza all'azienda non può che concretizzarsi nel riconoscimento congiunto delle difficoltà operative e nell'impegno comune per la realizzazione degli obiettivi aziendali, nel rispetto dell'individuo.

La gestione delle risorse umane deve essere trasparente e realmente diretta alla **valorizzazione dell'individuo**, indipendentemente dal ruolo che occupa all'interno dell'azienda; scelte contraddittorie possono creare danni irreparabili, essere efficaci nel breve termine ma mostrarsi estremamente dannose nel lungo periodo.

Diventa pertanto indispensabile implementare la competenza professionale e valorizzare il capitale umano.

"Tutti noi, per guadagnarci da vivere, usiamo il *pensiero*" e le aziende fondano la propria efficacia sui knowledge workers(kw), i lavoratori della conoscenza. I kw si guadagnano da vivere con il proprio pensiero. Vivono del proprio impegno: qualsiasi impegno lavorativo oneroso è intellettuale, non fisico. Risolvono i problemi, capiscono e soddisfano i bisogni dei clienti, prendono decisioni, collaborano e comunicano con altre persone nel corso dello svolgimento della propria attività.

È piuttosto facile indicare esempi di kw: insegnanti, medici, manager, fisioterapisti, assistenti sociali, avvocati, giudici, biologi, informatici, matematici, ingegneri, farmacisti, …

In tale contesto risulta fondamentale la valorizzazione di percorsi formativi che favoriscano la consapevolezza delle proprie potenzialità e la necessità di implementarle in modo costante.

In quest'ottica il fitness cognitivo-emotivo si propone come uno strumento efficace per migliorare la performance del knowledge worker.

Time Management con quattro D

Il tempo è una risorsa insostituibile ed indispensabile. Non si può risparmiare e, una volta perduto, non si può recuperare. Tutto ciò che si deve fare richiede del tempo e, meglio lo usiamo, maggiori saranno le nostre ricompense.

Oggi affermazioni "il tempo non basta mai", "ho poco tempo", "ci vorrebbe più tempo" sono entrate a far parte del linguaggio quotidiano, tanto da essere la forma linguistica di un nostro modo di pensare e di focalizzarci sul tempo invece che sulle attività.

La sensazione di "non avere il controllo" del proprio tempo è la fonte principale di ansia, stress e depressione. Se si riuscisse ad organizzare e controllare le attività della vita, ci si sentirebbe meglio, si avrebbe maggiore energia, tanto da riuscire a fare più cose.

Infatti, la capacità di gestire il tempo, come qualunque altra pratica nella nostra vita quotidiana, contribuisce a decretarne il successo o l'insuccesso.

Si parla allora di time management o gestione del tempo, essenziale per massimizzare l'efficacia personale.

Innanzitutto bisogna avere la saggezza e il coraggio di fermarsi un attimo, per fare il punto della situazione ed analizzare:

- le abitudini disfunzionali che ci portiamo dietro;
- le convinzioni che ci spingono (nostro malgrado) ad agire sempre allo stesso modo;
- le cause della cattiva gestione delle attività;
- le risorse di cui disponiamo e non facciamo uso;
- le regole che possono aiutarci ad introdurre quei cambiamenti che nel tempo faranno la differenza tra il passato e il futuro.

Ma come potremmo migliorare la nostra produttività? Quali tecniche efficaci potremmo utilizzare? La risposta potrebbe essere semplicemente quella di usare le quattro D dell'efficacia personale, che rappresentano uno strumento nelle mani dell'uomo che vuole avere successo nella vita.

La prima D è il Desiderio: dobbiamo avere un desiderio profondo e insopprimibile di mettere sotto controllo il nostro tempo e di ottenere la massima efficacia.

La seconda D coincide con la Decisione: dobbiamo decidere chiaramente di applicare le regole del time management finché non diventeranno un'abitudine.

La terza D sta per Determinazione: dobbiamo essere disposti a persistere, resistendo a tutte le tentazioni che potrebbero spingerci ad abbandonare l'impresa, finché non diventeremo dei bravi time managers. Il desiderio rinforzerà la nostra determinazione.

Infine, la chiave più importante per il successo nella vita, la quarta D, è la Disciplina: dobbiamo auto-disciplinarci per fare del time management una pratica costante, che ci accompagnerà per tutta la vita. Una disciplina efficace consiste nell'imporre a sé stessi di pagarne il prezzo e di fare ciò che sappiamo di dover fare, quando dovremmo farlo, anche se non ne abbiamo voglia. È fondamentale per il nostro successo.

Tutti i vincitori, in tutti i campi della vita, usano bene il proprio tempo. Tutti i perdenti lo usano male.

Quindi una delle regole più importanti per il successo è semplicemente sviluppare delle buone abitudini e farne le nostre padrone.

Non siamo macchine, ma individui con differenti vocazioni e attitudini. Per alcuni l'efficienza sarà la normalità, l'unico modo possibile di vivere. Per chi non è abituato alla pianificazione e segue uno stile di vita più "anarchico", riuscire ad organizzare il proprio tempo senza sprechi sarà più complicato. Chiedere a questi ultimi di vivere con l'orologio e l'agenda in mano significa domandare l'impossibile, ma una corretta gestione del tempo è indispensabile per resistere ai ritmi della vita.

Ricordiamoci che la gestione del tempo coincide in realtà con la gestione della vita. Il time management e la produttività personale partono dall'apprezzamento della nostra vita e di ogni singolo istante.

Le 4 D rappresentano il più semplice percorso sulla strada dell'efficienza, anche per chi, come noi, non è efficiente per natura ma per scelta.

Stress da multitasking

Chiariamo subito una cosa: il *multitasking* non esiste. Il cervello non è capace di dedicare attenzione a più attività nello stesso momento. Quando abbiamo la sensazione di fare diverse cose assieme, in verità non facciamo altro che spostare la nostra attenzione da una attività all'altra molto velocemente.

Ma cos'è lo stress da multitasking?

È un tipo di stress che colpisce chi è portato a svolgere più attività contemporaneamente. Pensiamo ad esempio a coloro che in ufficio devono gestire mail, chat e telefonate mentre svolgono le proprie attività. La tecnologia permette di essere sempre reperibili attraverso dispositivi mobili, collegati al web per cui ritagliarsi dei momenti di relax diviene quasi impossibile.

Il multitasking non ci rende più produttivi ma più stressati e può far male al cervello. Una delle prime ricerche in questa direzione è dell'Università di Stanford nel 2009. Altre ne sono seguite a confermare che il multitasking non funziona.

Ecco perché:

Aumenta gli errori. L'attenzione è una risorsa scarsa. Alternare velocemente compiti diversi, lavorare spizzichi e bocconi su questo e su quell'altro, mette a dura prova le nostre capacità di concentrazione e di attenzione. Sbagliamo di più e lavoriamo in modo più superficiale.

Non accresce la produttività. Passare da una attività all'altra richiede sempre un tempo di aggiustamento. Ogni volta che cambiamo attività il nostro cervello deve riprendere il filo di quello che stava facendo, e questo impiega energie e tempo. Quindi rimbalzare continuamente da un compito a un altro ci fa perdere tempo. È più efficiente fare un compito alla volta, finire e passare a quello successivo.

Aumenta il rischio di ansia, depressione, disordini nell'attenzione e problemi di iperattività.

Danneggia i rapporti con le persone: dedicare agli altri un'attenzione parziale e frammentata mentre stai lì a pensare al tuo lavoro, o rispondi a un WhatsApp o butti un occhio a Facebook, non fa bene alle relazioni che si tratti di colleghi, di familiari, di amici.

Gli studi di Zheng Wang, una ricercatrice dell'università dell'Ohio hanno confermato che il multitasking uccide la produttività e aumenta i livelli di stress.
Ma allora, si è chiesta Zheng Wang, perché continuiamo a farlo?
Per rispondere ha studiato il comportamento di 32 giovani, e si è accorta che questi tendevano ad adottare il multitasking soprattutto quando erano impegnati a studiare o a lavorare. Andavano cioè a caccia di distrazioni perché così sentivano meno il peso dei compiti più impegnativi.

C'è questo mito, dice Zheng Wang, per cui molta gente crede che il multitasking li renda più produttivi. In realtà a quanto pare interpretano in modo sbagliato i sentimenti positivi provocati dal multitasking. Non sono affatto più produttivi, sono solo emozionalmente più soddisfatti dal loro lavoro.

La realtà è che abbiamo molte cose da fare e molte altre a cui pensare e la nostra mente quasi mai è in uno stato di tranquillità. Lavoro, vita privata, salute, affetti, progetti. Sono molti i fronti su cui ci spendiamo e spesso in ugual intensità e misura. Questo a volte porta ad uno stato di estrema confusione, proprio perché in realtà la nostra mente non è in grado di seguire più cose con la stessa attenzione ed intensità.

Il prof. David Levy, esperto di tecnologie dell'informazione all'università di Washington, assieme a un gruppo di ricercatori, ha fatto diversi esperimenti per cercare di capire se meditare avesse effetto sul multitasking.
Dagli esperimenti è emerso che chi aveva imparato a meditare aveva imparato anche a non reagire in modo immediato alle interruzioni sul lavoro, mantenendo focalizzata l'attenzione.

Cerchiamo di ripartire dalle basi: raccogliamo in modo sistematico le informazioni sul modo in cui organizziamo il nostro tempo, dando una risposta alle seguenti domande:

Su quali e quanti fronti siamo impegnati?

Quali progetti abbiamo attivi?

Abbiamo stabilito la giusta priorità di tutte le nostre attività?

Siamo capaci di concentrarci su di un'unica attività? Per quanto tempo?

Una volta chiarite le nostre idee, quale alternativa abbiamo al multitasking?

Almeno dal punto di vista lavorativo, dovremmo per la maggior parte del tempo impegnarci in attività che:

- sviluppano valore per il cliente finale, sia cliente pagante che cliente interno (ossia collaboratore/cliente);

- sono già state valutate in termini di priorità, tipologia (categorie) e difficoltà/importanza;

- hanno una diretta connessione con obiettivi stabiliti.

Questi sono tre possibili criteri di base che possono consentire di ottimizzare la gestione delle nostre attività e sviluppano valore per qualcuno, utilizzando il giusto tempo.

La gestione della complessità

Internet offre un importante spunto di riflessione sul tema della complessità; all'inizio sembrava qualcosa di astratto e di inafferrabile. Poi abbiamo iniziato a navigare e a prendere dimistichezza con un mondo virtuale che avvicina gli uomini, rendendo possibile la creazione di una vera comunità in cui ci si può scambiare idee, si può comprare o vendere, mettersi in mostra, dialogare; un mondo in cui bisogna muoversi con astuzia e agilità, dove è possibile incontrare amici, ma anche ricevere virus o frodi. Proprio come nella vita reale.

L'esempio di internet introduce molto bene il concetto della complessità, una rete in cui si può rimanere imbrigliati, senza via d'uscita, o semplicemente ci si può perdere, senza una meta, all'interno di migliaia di stimoli.

La vita quotidiana è caratterizzata da tanti problemi da affrontare, da imprevisti, ed ancora di più oggi da una serie di cambiamenti – legati al progresso – che richiedono l'acquisizione di competenze superiori o comunque di abilità di maggiore livello, flessibili, dinamiche, da rinnovare continuamente, senza sosta.

L'idea di fondo è quella di comprendere in che modo la nostra mente si può predisporre ad afforntare senza smarrirsi, la complessità della realtà, dal mondo del lavoro, a quello sociale, individuale e familiare.

Come per internet occorre procedere a operazioni di semplificazione e occorre acquisire l'abilità di operare su più *file* contemporaneamente, senza confonderli o sovrapporli; viene richiesta cioè l'abilità di operare su più fronti, con strumenti diversi e con un'agilità crescente, senza perdere il controllo di ciò che accade nel contesto in cui si agisce.

Possiamo immaginare che per muoversi in internet si debba sapere cosa si cerca e si debba avere un'idea precisa delle informazioni che servono; si può navigare anche affidandosi al caso, ma non può essere un'abitudine, può servire qualche volta per cercare informazioni insolite e nuove, ma nella prassi è buona norma avere dei punti di riferimento, che consentono di attraversare le rete nei punti che servono per arricchire la propria professionalità in rapporto, ad esempio, alle esigenze di lavoro.

La ricerca di punti di riferimento – i punti "chiave" – è essenziale per gestire la complessità dell'attività lavorativa, essi servono a raggiungere gli obiettivi prefissati e ad avere un controllo della situazione, senza i quali si vive e si lavora con vissuti di insicurezza e di ansia.

Tuttavia occorre poter operare su più fronti, indistintamente e con pari forza; ciò significa imparare a muoversi distintamente tra più problemi, grazie alla modulazione delle proprie competenze emotive, razionali e comportamentali, in rapporto alla tipologia dei problemi. In alcuni contesti è sufficiente essere concentrati, in altre circostanze è più importante riuscire a mantenere la calma, in altre ancora occorre essere bravi a non lasciarsi prendere dalle emozioni e avere la giusta concentrazione per utilizzare al meglio gli aspetti razionali dell'intelligenza.

Un altro aspetto importante è la capacità di far fronte agli imprevisti, perchè nella gestione di più problemi o di situazioni complesse essi sono statisticamente più rilevanti; all'imprevisto occorre saper reagire con prontezza e determinazione, sviluppando la capacità di concepire le alternative, senza lasciarsi prendere dal panico.

Qualsiasi organizzazione – osserva John G. Miller – *ha a disposizione sistemi imperfetti e risorse limitate ed è con questi limiti che nella vita di tutti i giorni occorre gestire l'incalzare dei problemi imparando a dominare le situazioni.*

Effetti benefici della corsa

Esercizio fisico e sport sono generalmente associati a bellezza, dieta e dimagrimento. Sono più visti come un mezzo per raggiungere obiettivi estetici, meno frequentemente come un mezzo di promozione del nostro benessere psico-fisico e di prevenzione di molte malattie.

L'attività fisica svolta in modo regolare produce molti effetti benèfici sia sul corpo che sulla psiche. È stato dimostrato che lo sport, se praticato senza eccessi e con regolarità, può prevenire e alleviare i sintomi dell'ansia e dello stress. Esso, oltre a migliorare la salute e a ridurre stress ed ansia, contribuisce a rilassare la tensione muscolare e aiuta a dormire.

Uno stile di vita sedentario rappresenta un serio rischio per la salute: la mancanza di movimento, infatti, riduce l'efficienza del sistema immunitario e fa aumentare il rischio di obesità, diabete e cardiopatie.

Basti pensare che, senza contare il tempo trascorso a dormire, mediamente trascorriamo seduti 9,3 ore al giorno.

Fra tutti gli allenamenti del corpo disponibili, la corsa è sicuramente una delle pratiche più complete perché ha un rapporto "circolare" con la mente: la corsa aiuta la mente e lo stato mentale influenza la corsa creando così un circolo virtuoso del benessere.

Portare a termine un allenamento nonostante la stanchezza o le condizioni climatiche avverse, o alzarsi da una poltrona per uscire a correre, sono situazioni che implicano una certa dose di forza di volontà e un conseguente **aumento dell'autostima**. Correre comporta un deciso aumento nel **rilascio di endorfine**, sostanze chimiche affini alle morfine, ma di produzione endogena. L'effetto che producono è una piacevole sensazione di benessere, utile durante la corsa per contrastare gli effetti della fatica, ma che si protraggono anche al termine dell'allenamento comportando una decisa **riduzione dello stress** e delle tensioni. L'aspetto più affascinante ed interessante delle endorfine risiede nella loro capacità di regolare l'umore. Durante situazioni particolarmente stressanti il nostro organismo cerca di difendersi rilasciando endorfine le quali, da un lato, aiutano a sopportare meglio il dolore e, dall'altro, influiscono positivamente sullo stato d'animo. È stato dimostrato scientificamente che anche un allenamento minimo alla corsa (20 minuti 3 volte alla settimana) ha un effetto positivo nella gestione degli attacchi di panico, dell'ansia e della depressione. Correre combatte lo stress influenzando l'effetto dello stress sulla nostra chimica cerebrale. La corsa, con il sacrificio e la fatica che comporta, rafforza la determinazione e la volontà della persona, dimostrando che è possibile superare i propri limiti. La corsa insegna che gli obiettivi sono raggiungibili soltanto con la tenacia e la gradualità.

Essere un runner vuol dire lavorare per promuovere il benessere mentale e proteggerci da depressione e ansia. Questo non vuol dire che la corsa cura le malattie della mente, quando queste sono presenti bisogna rivolgersi ad uno specialista che consigli una terapia idonea, ma sicuramente affiancare alle terapie tradizionali un buon allenamento con la corsa aiuta.

Come può invece la mente aiutare la corsa? Innanzitutto, un atteggiamento determinato aiuta a trovare le energie fisiche che possono mancare soprattutto quando si corre per percorsi lunghi. Ma soprattutto la capacità di creare il vuoto mentale, scacciare i pensieri negativi, e quindi in un certo senso mettersi in uno stato meditativo permette di concentrare le proprie energie sul corpo ritrovando nei momenti di crisi la forza (mentale) di andare oltre il nostro corpo. Il motivo di questo strettissimo rapporto tra mente e corpo è legato al fatto che sono i nostri neurotrasmettitori, la serotonina, la noradrenalina e le endorfine, che vengono influenzati e influenzano la corsa e questi sono i messaggeri chimici della nostra mente. [34]

Non dobbiamo infine dimenticare che il nostro corpo è assettato per correre, infatti i nostri progenitori, una volta conquistata la stazione eretta, hanno iniziato a camminare e correre per conquistare nuovi spazi e questo nell'arco di moltissimi anni, mentre soltanto negli ultimi 50 anni l'uomo è diventato sedentario (ufficio, divano, computer, smartphone, TV, ...) costringendo il corpo ad una inattività per cui non è preparato. In conclusione correre fa bene alla mente ed una mente libera da pensieri negativi e concentrata ci permette di correre meglio. La corsa in questo senso è come l'acqua: un ingrediente necessario al nostro benessere non solo fisico ma anche mentale.

Risposte a domande frequenti

1. Cosa posso fare per avere fiducia in me stesso?

Non è semplice avere fiducia in sé stessi: molti fattori - biologici, psicologici, sociali, familiari, lavorativi, relazionali - concorrono allo sviluppo dell'identità personale e del senso di fiducia.

I primi anni di vita sono fondamentali, un ambiente familiare accogliente e rassicurante, favorisce lo sviluppo armonico del soggetto, dando solidità alla "base" della futura personalità.

Un ambiente sereno è fonte di sicurezza. Ciò favorisce lo sviluppo di un "attaccamento sicuro", ovvero in termini psicologici di una modalità di esplorazione dell'ambiente determinata e assertiva. In questi termini il soggetto imparerà a determinarsi nell'ambiente con tenacia, ravvedendo i pericoli reali, prevenendoli, dosando il rischio, e calibrando le proprie azioni, il proprio comportamento con sicurezza.

Questa modalità adattiva, con l'esperienza, accresce il senso di sicurezza personale e pone le premesse per la formazione di un Io stabile, di una identità solida, che è alla base dell'autostima.

Si tratta tuttavia di un processo dinamico, di confronto continuo con la realtà che muta con gli anni, con gli eventi della vita, sia positivi che negativi. Un confronto aperto, a volte difficile, soprattutto quando si devono affrontare situazioni difficili, imprevisti che tendono a scardinare e minacciare la propria autostima.

Ma questa si accresce ancora di più nei momenti difficili, e quindi possiamo definire l'autostima come una modalità relativamente stabile di affermare sé stessi, con pazienza, con forza, con costanza. La si può accrescere avendo le idee chiare rispetto alla propria progettualità futura.

Quando si hanno le idee chiare rispetto agli obiettivi che si vogliono raggiungere, tutto diventa relativamente più semplice; e sicuramente il processo di consolidamento e implementazione dell'autostima è tanto più valido quanto più si orienta la propria vita nella direzione desiderata.

Ovviamente gli obiettivi devono essere realistici e sostenibili; e qualche volta occorre fare un passo indietro.

Quando gli obiettivi sono enfatizzati, non realistici, si corre il rischio di rincorrere utopie, di rincorrere con affanno mete non sostenibili, ed in tal modo l'autostima tende a frammentarsi, a diventare per certi aspetti ipertrofica, senza contenuto, con il rischio di compromettere la funzionalità stessa dell'Io, della propria identità.

Per evitare ciò occorre di tanto in tanto fermarsi per codificare al meglio la progettualità futura, a capire in quale direzione andare, a comprendere ciò che veramente può essere utile per la valorizzazione dell'esperienza personale.

L'autostima non si compra; si possono leggere tanti libri che promettono effetti miracolosi; l'autostima si conquista sul campo, giorno dopo giorno, con fermezza e costanza.

Non esistono ricette miracolose, ma solo la tenacia di avere un confronto con l'ambiente – sia sociale, lavorativo che relazionale in termini generali – onesto e rispettoso delle proprie risorse, avendo cura di comprendere ed accettare i propri limiti, ma allo stesso tempo di conoscere e mettere a frutto le proprie potenzialità.

2. Come posso rafforzare le mie conoscenze attraverso lo studio?

Lo studio, mirato e ben ponderato, consente all'individuo di moltiplicare all'infinito i propri schemi mentali. La mente lavora molto selezionando dall'ambiente le conoscenze utili per affrontare la vita, selezionando con cura gli elementi utili per moltiplicare le associazioni, per mettere insieme più conoscenze, per poter elaborarne nuove, per poter meglio esprimersi.

La conoscenza arricchisce questo processo, nuove idee nascono da esperienze personali pregresse, ma anche da esperienze e conoscenze acquisite da altri.

Più conoscenze si hanno, più la mente è in grado di elaborare pensieri nuovi, innovativi, di creare nuovi flussi di pensiero, di immaginarsi cose nuove, di meglio proiettarsi al futuro, di elaborare strategie nuove per affrontare vecchi e nuovi problemi.

Solo con lo studio, sistematico, continuo, si possono arricchire gli schemi mentali per migliorare l'efficacia stessa della mente.

Naturalmente lo studio può essere basale, ovvero utile ad arricchire i processi mentali di base, la propria cultura, le proprie conoscenze di fondo che consentono di innalzare il proprio assetto culturale; ma può essere anche mirato se è orientato verso specifiche conoscenze. In questo senso – soprattutto se si vogliono approfondire determinate conoscenze o settori – il consiglio è sempre quello di ricercare autori originali, di andare direttamente alle fonti, diffidando da autori che riprendono altri autori.

Solo lo studio costante, metodico, ben strutturato, può consentire il rafforzamento delle proprie conoscenze, andando a migliorare i processi decisionali dell'individuo.

3. Come posso riconoscere e gestire adeguatamente le mie emozioni?

Le emozioni regolano il contatto con l'ambiente interno ed esterno, servono a decifrare/codificare la molteplicità degli stimoli a cui l'individuo è sottoposto, per poter agire in modo consequenziale.

Le emozioni regolano il contatto con la vita, lo modulano, e spesso ci condizionano in modo negativo, perché possono talvolta essere indistinte, pervasive, inibenti. In realtà la conoscenza del proprio mondo emotivo è alla base dei processi cognitivi e del comportamento.

Le emozioni supportano la conoscenza, rafforzano l'apprendimento, ci mettono in guardia dai pericoli, ma ci orientano anche verso esperienze positive; il mondo emotivo è come una bussola, serve ad orientarci nel mondo, a "muoversi" verso una direzione piuttosto che verso un'altra direzione.

Non è facile riconoscere il proprio mondo emotivo; ma è anche vero che spesso non ci pensiamo, che non siamo stati abituati ad ascoltare noi stessi, bensì ciò che "piace agli altri".

Invece è molto importante imparare a percepire il proprio mondo emotivo nella semplicità delle emozioni basali: sentirsi tristi, allegri, arrabbiati, delusi, deboli, ansiosi... capire cioè "come, quando e perché".

Le emozioni non hanno colore, le coloriamo noi.

Impariamo a "sentire" noi stessi e la realtà che ci circonda: questo sentire ci aiuta a dare un volto al proprio mondo emotivo e a capire/comprendere in quale direzione andare.

Ognuno di noi ha un mondo emotivo che spesso rimane inespresso, soffocato da altri, non decifrabile, a volte esplosivo.

Una migliore conoscenza del proprio mondo emotivo è sicuramente fonte di buona riuscita nella vita, sempre!

4. Come posso riuscire ad essere soddisfatto del modo in cui organizzo la mia vita?

L'organizzazione della nostra vita si articola su più fronti. Ed in realtà la vita, soprattutto oggi, è un incastro. Quanto tempo mi rimane per organizzare la mia vita? Quanto la mia organizzazione dipende dagli altri? Dalla famiglia, dal lavoro, dalla società?

In realtà spesso ci si rende conto che l'organizzazione della propria vita è spesso demandata agli altri.

Chiediamoci innanzitutto: qual è l'assetto organizzativo attuale della mia vita? Come posso ottimizzarlo? In che misura posso incidere sull'organizzazione complessiva della mia vita.

Evidentemente, ed in ogni caso, c'è sempre un modo migliore per organizzare i propri tempi e i propri spazi. Anche in situazioni difficili c'è sempre un margine di miglioramento, di ottimizzazione.

Non si possono cambiare le abitudini in modo rapido, né si può cambiare ad esempio l'organizzazione in cui si opera con semplicità; si può però certamente immaginare un modo nuovo per pianificare modelli organizzativi più funzionali e certamente più salutari.

C'è sempre un margine di miglioramento.

L'idea di fondo rimane quella di avere cura di sé stessi, anche quando si è pressati; ma in tutto ciò evitare atteggiamenti persistentemente lamentosi:

esiste sempre un modo più funzionale rispetto all'attualità della propria organizzazione di vita.

Quando non lo troviamo, si possono immaginare nuove situazioni - cambiare lavoro o altro-; nel frattempo, può già essere utile cambiare atteggiamento rispetto all'esistente, nel tentativo di arrivare a fine giornata con più elevati livelli di soddisfazione.

5. Come posso superare le mie sensazioni di malessere interno e inquietudine?

Il mal-essere o l'inquietudine interiore nasce da un atteggiamento negativo di fondo rispetto alla vita.

Cambiare innanzitutto atteggiamento ed imparare ad intravedere nella vita di tutti i giorni aspetti positivi e di serenità.

Imparare a non correre all'impazzata, ma a ritrovare anche piccoli spazi di riflessione e di ricarica.

L'estenuante attività quotidiana spesso ci depersonalizza, fungendo da reale minaccia allo slancio motivazionale.

Quando ci si sente inquieti ed insoddisfatti, quando ci si sente stanchi ed annoiati, quando ci si arrabbia facilmente è il momento di fermarsi.

Fermarsi, comprendere le proprie ansie, ripartire con nuove progettualità, apportando modifiche, a volte anche minime, al proprio stile comportamentale.

Non lasciarsi influenzare dagli altri.

Imparare a leggere il proprio mal-essere con autenticità; lasciarsi alle spalle il passato, imparare a vivere bene il presente, e ad avere un occhio di riguardo per il futuro.

Il sacrificio serve per ottenere future ricompense.

Quando l'inquietudine diventa eccessiva è logorante, fonte di stress e di disagio.

Ai primi segnali dunque: fermarsi. E rivedere i propri comportamenti, rivedere il proprio modo di affrontare la realtà, rivedere il proprio modo di gestire le relazioni, intuire le opportunità migliori di cambiamento.

Non lasciarsi andare al pessimismo, non lasciarsi corrodere dalle proprie emozioni: avere riguardo per sé stessi; in questo modo si è anche più sereni nell'affrontare la vita quotidiana e nel valorizzare le relazioni affettive, familiari, lavorative …

6. Cosa posso fare per non farmi influenzare dagli altri, riuscendo ad esprimere con efficacia le mie opinioni?

Per non farsi influenzare dagli altri occorre avere una buona autostima ed essere consapevoli delle diverse sfaccettature della propria personalità. L'insicurezza nasce dalla mancanza o scarsa autostima, da un livello culturale deficitario, dalla mancanza di conoscenze utili per affrontare ad esempio in ambito lavorativo le diverse problematiche che quotidianamente si presentano. Ci si lascia influenzare quando ci si lascia prendere dal panico, quando non si è sicuri delle proprie idee, quando si teme il confronto con gli altri.

Viceversa bisogna imparare ad essere assertivi, ad essere decisi, ad accettare le critiche quando sono costruttive, ma anche a smontare le critiche quando sono fasulle o poggiano su basi non solide.

Più si è sicuri di sé, ovviamente nella giusta misura, più si è in grado di portare avanti le proprie idee, di esprimere con efficacia le proprie opinioni.

Quando ci si sente insicuri evidentemente non si ha il polso della situazione ed il valore del proprio potere contrattuale.

In questo senso l'accrescimento della propria autostima deve avere priorità assoluta; più si ha il polso del proprio valore – senza ipertrofizzarlo – più si ha il dovuto rispetto per le idee degli altri, e più si può avere un confronto costruttivo con gli altri, che siano amici, parenti o conoscenti, o superiori o inferiori.

La stabilità del proprio modo di essere, la consapevolezza del proprio essere e delle proprie potenzialità, sono la premessa indispensabile per poter esprimere le proprie opinioni con assertività.

7. Come posso affrontare la mia difficoltà a prendere decisioni e ad essere funzionale sul lavoro ed in ogni contesto sociale?

I processi decisionali sono strettamente legati all'efficacia dei processi mentali, sia cognitivi che emotivi. Sul piano cognitivo la conoscenza degli argomenti e delle problematiche inerenti un qualsiasi aspetto dell'attività professionale è fondamentale per prendere decisioni in tempi rapidi. Quando si affronta un'attività, un lavoro, o si interagisce con gli altri, la conoscenza delle argomentazioni che si trattano deve essere attenta e profonda.

Molto spesso l'incompetenza professionale è legata ad un basso profilo culturale e tecnico.

Ovviamente la conoscenza, unitamente all'intuito e all'esperienza completano la rapidità ed efficacia dei processi decisionali.

Tuttavia la mente può trarre in inganno, soprattutto quando si svolgono per anni le stesse mansioni, oppure di fronte agli imprevisti. Non dare mai niente per scontato e fare in modo da prestare sempre la massima attenzione alle problematiche che si affrontano.

Per fare tutto ciò occorre tuttavia avere uno stato d'animo predisposto, occorre che i processi emotivi funzionino da supporto alla razionalità; mantenere la calma è infatti importante, come il sentirsi immotivati, o il volere competere in modo costruttivo con gli altri per la risoluzione dei problemi.

Una adeguata modulazione delle emozioni consente all'individuo di poter esprimere al meglio e mettere in pratica le proprie conoscenze, con puntualità ed efficacia.

Al contrario essere eccessivamente ansiosi o preoccupati rallenta i processi decisionali, ci si sente insicuri o incapaci di affrontare i problemi al momento giusto.

8. Come posso riuscire ad essere positivo di fronte alle difficoltà della vita?

Essere positivi vuol dire avere la giusta grinta per affrontare le difficoltà. Ma la vita non è solo un combattimento o una difesa nei confronti delle difficoltà, è anche e soprattutto proiezione al futuro, valutazione di alternative, fonte di innovazione.

Per essere positivi occorre quindi avere nei confronti della vita un atteggiamento ottimista, di sano ottimismo.

Anche nei momenti di difficoltà il credere in sé stessi può aiutarci ad avere una visione positiva della vita.

Ma occorre anche saper valutare il peso delle difficoltà.

Molto spesso le difficoltà sono frutto di errori di valutazione, sono eventi sovrastimati, a volte sono eventi o situazioni che non meritano particolare attenzione. Imparare quindi a vedere l'essenza delle difficoltà, a comprendere quando si affronta un problema se effettivamente vale la pena di farlo.

Imparare a dosare le proprie energie. Spesso ci si trova ad infondere energie in situazioni che non meritano particolare attenzione.

Imparare quindi a cogliere il nucleo dei problemi, a valutare se quel problema merita la nostra attenzione e valutare soprattutto quanto spendere in termini di energia psichica per affrontare quel problema: sapersi quindi dosare.

Capire inoltre quando un problema è un dato di fatto; quando alcune situazioni non si possono cambiare non si può stare lì ad esasperarsi; rispetto al dato di fatto occorre trovare appropriate soluzioni adattive.

9. Cosa posso fare quando mi sento in preda al panico?

Sentirsi in preda al panico è una brutta esperienza, che nasce dalla percezione di non avere il controllo della situazione, che qualcosa sta sfuggendo di mano, che non si è in grado di avere il controllo di ciò che sta accadendo o che potrebbe accadere.

Spesso è correlata ad una profonda insicurezza del proprio essere, ad una scarsa autostima, ad una vulnerabilità psicologica rispetto alla propria capacità di far fronte alle vicende della vita; spesso si accompagna alla paura che possa succedere qualcosa di inevitabile, con sensazioni fisiche di malessere e con una marcata ansia anticipatoria.

Il panico tende a paralizzare l'individuo e a renderlo indifeso.

Per affrontare l'esperienza del panico occorre avere un buon rapporto con sé stessi, con il proprio corpo e con la propria mente. Il controllo delle reazioni fisiche è tanto maggiore quanto maggiore è la capacità dell'individuo di mantenersi in forma, qualsiasi tipo di sport va bene, purché venga fatto con costanza.

Lo sport aiuta ad avere un controllo delle reazioni emotive che si esprimono attraverso il corpo, dà all'individuo una maggiore sensazione di padronanza ed efficacia.

Naturalmente occorre avere la capacità di mantenere la giusta tensione fisica nell'affrontare le difficoltà. Se si è troppo tesi si corre il rischio di avere reazioni di panico, se si è troppo rilassati non si ha la giusta tensione per affrontare le difficoltà.

Imparare quindi a modulare le reazioni fisiche ad eventi emotivi. Lo sport, ma anche le tecniche di rilassamento in ciò aiutano molto.

Dal punto di vista mentale è importante non avere idee catastrofiche e non anticiparsi il peggio, bensì affrontare tutte le situazioni con grinta, senza lasciarsi prendere dal panico. In ciò è fondamentale l'autostima e l'autoefficacia.

10. Come posso riuscire a risolvere i miei problemi, senza disperdere le energie?

Non esiste una strategia unica ed efficace per affrontare i problemi riuscendo a modulare le proprie risorse.

Innanzitutto è importante individuare e conoscere le proprie risorse.

Spesso ci si lascia andare, non si ha cura e conoscenza di sé stessi, non si ha la percezione esatta di quanto "valore" si dispone. È buona norma quindi di tanto intanto fermarsi per riflettere sulle competenze acquisite e sul proprio potere contrattuale.

Per utilizzare le risorse occorre averne conoscenza e padronanza.

L'altro aspetto riguarda la natura dei problemi. Essi vanno studiati e distinti, e vanno classificati sia in termini di priorità che di difficoltà. Un'analisi certosina delle diverse sfaccettature dei problemi consente di poterli affrontare con maggiore efficacia.

E naturalmente occorre avere anche il coraggio di fermarsi nel momento in cui si ha la percezione di non avere le risorse idonee per affrontare una determinata questione.

Conoscenza e padronanza di sé stessi, visione realistica dei problemi e saggio investimento di risorse, questo il segreto per modulare al meglio le proprie energie.

11. Come posso reagire nei momenti in cui non mi sento più all'altezza della situazione?

Il non sentirsi all'altezza della situazione può essere un dato oggettivo, oppure una percezione soggettiva legata a proprie ansie e timori.

Comprendere quindi il perché non mi senso all'altezza di una situazione.

È perché non sono preparato? Perché sono stanco? Perché la situazione è più grande di me? Perché ho paura?

Comprendere quindi le ragioni del proprio disagio ed agire di conseguenza. Quando si può fare un respiro di sollievo, riprendere fiato, ricaricarsi e ritornare all'attacco.

Imparare ad avere pazienza. Non tutto si ottiene subito e molti problemi o situazioni si risolvono con strategie efficaci nel lungo termine, perché richiedono tempo e preparazione.

Non avere fretta, non allarmarsi, capire di cosa stiamo parlando, individuare la strategia giusta – ed il momento giusto – per affrontare le situazioni della vita.

12. *Come posso riuscire a reagire di fronte agli imprevisti senza lasciarmi prendere dal panico?*

L'imprevisto è parte integrante dell'esistenza. L'unica certezza che abbiamo è l'incertezza, e non è tanto ciò che accade che fa la differenza, ma come si reagisce a ciò che accade.

Considerare quindi gli imprevisti – sia positivi che negativi - come eventi naturali ed inevitabili, non lasciarsi prendere dal panico, avendo cioè attenzione di curare i nostri meccanismi di difesa e di attacco.

Gli imprevisti spesso ci mettono a dura prova, ma aiutano a crescere, aiutano a individuare soluzioni alternative, aiutano l'individuo ad essere più forte ed assertivo.

La persona forte spesso la si vede nei momenti di incertezza, quando tutti i piani falliscono, quando succede qualcosa che tende a disarmare.

Quale atteggiamento mentale consigliamo di mantenere la giusta vitalità, calma e pazienza, di fronte agli imprevisti. In questo modo si possono attivare tutte le risorse disponibili per affrontarlo, senza andare in panico.

13. Come posso affrontare l'ansia nel momento in cui mi impedisce di essere attivo e produttivo?

Se l'ansia è eccessiva ed è fuori controllo non esitare a chiedere aiuto. Gli specialisti del settore – psichiatri e psicoterapeuti – possono aiutare a modulare le proprie reazioni ansiose in modo efficace, prima ancora che diano seri problemi.

Meglio chiedere aiuto prima che l'ansia raggiunga livelli elevati.

L'ansia è vitale, ma quando è eccessiva diventa inibente e fonte di disagio e sofferenza.

Se ci si sente particolarmente vulnerabili è importante imparare a conoscere i meccanismi fisici e psichici dell'ansia, in modo da poterli gestire al meglio.

Ciascuno di noi ha un livello di ansia massimale, superato il quale l'ansia prende il sopravvento.

La conoscenza di sé stessi, delle proprie risorse, del proprio modo di agire e reagire nei confronti della vita, può essere importante per affrontare l'ansia in qualsiasi momento della vita.

L'ansia è motivazione, curiosità, interesse. È alla base della vita.

Non vedere nell'ansia la fonte del disagio, quanto la spinta al ben-essere. Impariamo quindi a conoscere l'ansia per meglio gestirla.

14. Qual è il modo per riuscire ad accettarmi, con tutti i miei difetti?

Accettarsi sempre, vuol dire avere una buona consapevolezza del proprio essere. Prendere atto e coscienza di come si è fatti, è fondamentale per avere una buona considerazione di sé stessi. In ciò l'autostima è fondamentale.

La piena accettazione di sé stessi, in poche parole, è la prioritaria fonte di benessere. Quando non ci si accetta ci sono delle crepe nella propria personalità che vanno individuate e risanate.

15. Cosa posso fare per sentirmi aperto, positivo e creativo?

È un atteggiamento mentale nei confronti della vita. Piuttosto che piangersi addosso e pensare al passato, il sentirsi aperto a mille possibilità è fonte di vita.

Per acquisire tale atteggiamento è importante agire sul proprio essere e sul proprio stile di vita. Imparare a riconoscere le proprie risorse, avendo cura di non vedere i limiti, bensì le possibilità che la vita offre.

Naturalmente detta così sembra una cosa semplice; in realtà tale atteggiamento è frutto di impegno, visione positiva della vita, chiarezza di obiettivi e… tanto lavoro.

Bibliografia

1. Powles WE, Ross WD. Psichiatria industriale e occupazionale. In: Ariete S (a cura di), Manuale di Psichiatria. Torino, Boringhieri, 1970.
2. Frey BS. Non solo per denaro, le motivazioni disinteressate dell'agire economico. Milano, Bruno Mondadori, 2005.
3. Pellegrino F. Oltre lo stress, burn-out o logorio professionale. Torino, Centro Scientifico Editore, 2006.
4. Reardon KK. La gestione delle politiche interne. In: AAVV. L'azienda globale. Milano, Boroli Editore, 2006
5. Pellegrino F. La gestione delle risorse umane. Minerva Psichiatrica 2003; 44: 1-9.
6. Costa G. Inquadramento dello stress lavorativo per la valutazione e la gestione del rischio. G Ital Med Lav Erg 2009; 31(2): 188-190.
7. Magnavita A. Strumenti per la valutazione dei rischi psicosociali sul lavoro. G Ital Med Lav Erg 2008; 30(1); Supp A Psicol: A87-93.
8. Pozzi G. Salute mentale e ambiente di lavoro: nuove competenze per lo psichiatra. In: Pozzi G. Salute mentale e ambiente di lavoro. Milano, FrancoAngeli, 2008.
9. Trabucchi P. Resisto dunque sono. Milano, Corbaccio, 2007.
10. Pellegrino F. Errore e stress lavorativo. MD Medicinae Doctor 2006; XIII(38): 10-11.
11. Wiseman R. Dov'è il gorilla? Milano, Sonzogno Editore, 2005.
12. Pellegrino F. La sindrome del burn-out. Torino, Centro Scientifico Editore, 2009.
13. Ahola K, Hakanen J. Job strain, burnout, and depressive symptoms: a prospective study among dentists. J Affect Disord 2007; 104(1-3): 103-110.
14. Rosengren A, Hawken S Et al. Association of psychosocial risk factors with risk of acute myocardial infarction in 11119 cases and 13648 controls from 52 countries (the INTERHEART study): case-control study. Lancet 2004; 11; 364(9438): 953-62.
15. Oldehinkel AJ, Ormel J Et al. Psychosocial and vascular risk factors of depression in later life. J Affect Disord 2003; 74(3): 237-246.
16. Whooley MA. Depression and cardiovascular disease. JAMA 2006; 295(24): 2874-2881.

17. Rafanelli C, Pancaldi LG et al. Eventi stressanti e disturbi depressivi quali fattori di rischio per sindrome coronarica acuta. Ital Heart J Suppl 2005; 6(2): 105-110.

18. Chandola T Et al. Chronic stress at work and the metabolic syndrome: prospective study. BMJ 2006; 332: 521-525.

19. Del Rio G. Stress e lavoro nei servizi. Roma, La Nuova Italia Scientifica, 1993.

20. Pilati M, Tosi HL. Organizzazione e gestione delle risorse umane. Milano, Egea, 2002.

21. De Bono E. Il pensiero laterale. Milano, BUR, 1969.

22. Stoltz P. Response Ability: come i manager continuano a fare bene anche quando le cose vanno male. In: AAVV. L'azienda globale. Milano, Boroli Editore, 2006.

23. Maslow AH. Motivazione e personalità. Roma, Armando, 1973.

24. Oliviero Ferraris A. Resilienti. La forza è con loro. Psicologia Contemporanea 2003; 180: 18-25.

25. Bandura A. Il senso di autoefficacia. Trento, Centro Studi Erikson, 1996.

26. Goleman D. Lavorare con intelligenza emotiva. Milano, BUR, 2000.

27. Seligman MEP. Imparare l'ottimismo. Firenze, Giunti, 1996.

28. Miceli M. L'autostima. Bologna, Il Mulino, 1998.

29. Csikszentmihalyi M. Se siamo tanto ricchi perché non siamo felici? Bollettino di Psicologia Applicata 2000; XLVII (232): 3-11.

30. Davenport TH. Il mestiere di pensare. Milano, ETAS, 2006.

31. Pellegrino F. Essere o non essere leader. Verona, Positive Press, 2012.

32. Pellegrino F, Furno J, Gambino A. Stress lavorativo, resilienza ed efficacia professionale. Civitas Hippocratica 2013; XXXIV (3-4): 65-68.

33. Pellegrino F. Personalità ed autoefficacia. Milano, Springer, 2011.

34. Giampaolo Perna, Giulio Divo. PSICOFITNESS. Una Nuova Scienza per il Benessere della Mente. (Sperling & Kupfer, 2007)

Gli Autori

Ferdinando Pellegrino

Psichiatra, psicoterapeuta, dirigente medico, insegna presso alcune Scuole di Psicoterapia e Università.
Membro del Comitato Scientifico delle attività formative di Educazione Continua in Medicina di Springer Healthcare (Milano), di Momento Medico (Salerno) e Mediserve (Napoli).
Giornalista scientifico, vincitore dell'edizione 2000 del premio Nuova Luna per la stampa medica.
Svolge l'attività professionale prevalentemente presso lo Studio Pellegrino, in Castel San Giorgio (SA).
È autore di oltre 200 pubblicazioni scientifiche e di oltre 30 libri.
Negli ultimi anni sta realizzando percorsi formativi, fondati sul modello del fitness cognitivo-emotivo, incisivi per la prevenzione del disagio psichico e per l'accrescimento della propria autostima ed autoefficacia.

Francesco Attanasio

Francesco Attanasio è un Agile practitioner, Certified Scrum Professional® (CSP) and Certified Scrum Master® (CSM), SW Developer, Trainer, Reader, Dreamer e Runner.
Laureato in Informatica (Laurea Specialistica) presso l'Università degli Studi di Salerno, ha iniziato a lavorare come sviluppatore software nel 1996, dopo aver lavorato come Trainer in Linguaggi di Programmazione.
Dopo diversi anni di esperienza come sviluppatore software, System Management e coordinamento tecnico in ambito internazionale di complessi telecom/IT projects, con partners e suppliers esterni, ha iniziato alcuni anni fa ad occuparsi di Coaching ed applicazione di metodologie agili.

È autore di numerosi brevetti e di 4 libri.
Negli ultimi anni sta collaborando nella realizzazione di percorsi formativi, fondati sul modello del fitness cognitivo-emotivo.